# 陶瓷新彩绘制技艺

王丽丽　著



中国建材工业出版社

图书在版编目（CIP）数据

陶瓷新彩绘制技艺 / 王丽丽著. -- 北京 ：中国建材工业出版社，2022.12
ISBN 978-7-5160-3595-5

Ⅰ. ①陶… Ⅱ. ①王… Ⅲ. ①陶瓷－彩绘 Ⅳ. ①TQ174.6

中国版本图书馆CIP数据核字（2022）第210310号

**内 容 简 介**

陶瓷彩绘技艺是历代陶瓷艺人智慧的结晶，是中华民族工艺的瑰宝，有着丰富的历史文化底蕴。手绘是一种手工彩绘的技艺，在当今时代，这种手工技艺已不再是一种单纯的陶瓷彩绘方法，而被时代赋予了更高层次的精神文化内涵。

本书按照工作任务、基础技能、学习任务的模块化方式编排，还有实例和操作示范，方便学生掌握所学知识。本教材主要包括以下内容：陶瓷新彩绘制技艺认知、常用工具及材料、调制新彩颜料、新彩常见工艺缺陷及改进方法、瓷上起稿方法、新彩绘制基本技法、新彩绘制特殊技法、新彩烤花认知。本书可作为高职院校陶瓷艺术设计专业的专业课及陶吧彩绘培训教材，具有直观性、实用性和指导意义。

**陶瓷新彩绘制技艺**
Taoci Xincai Huizhi Jiyi

王丽丽 著

出版发行：中国建材工业出版社
地 址：北京市海淀区三里河路11号
邮 编：100831
经 销：全国各地新华书店
印 刷：北京天恒嘉业印刷有限公司
开 本：787mm×1092mm 1/16
印 张：9.25
字 数：200千字
版 次：2022年12月第1版
印 次：2022年12月第1次
定 价：68.00元

本社网址：www.jccbs.com，微信公众号：zgjcgycbs

## 作者简介

王丽丽，女，安徽宿州人。2000 年毕业于景德镇陶瓷学院（后更名为景德镇陶瓷大学）艺术设计专业，现为泉州工艺美术职业学院副教授，致力于陶瓷彩绘与造型艺术的教学、创作与研究工作。

作品曾获福建省陶瓷艺术与创新大赛金奖、银奖；在福建省“闽艺杯”创意大赛中获铜奖；其彩绘作品被韩国江源大学永久收藏。

# 前　言

陶瓷彩绘技艺是历代陶瓷艺人智慧的结晶，是中华民族工艺的瑰宝，有着丰富的历史文化底蕴。随着生活水平的提高，人们已厌倦了快节奏的生活状态和千篇一律的工业化日用品，更多地追求慢生活的状态，更加喜爱具有个性化特征的手绘生活用品。这给陶瓷业提供了一个很好的机会，无论是大型陶瓷企业还是陶瓷小作坊，都争先推出手绘陶瓷茶具、定制手绘个人杯或手绘陶瓷陈设品等。机械化生产是为了适应时代发展的需要，而手绘是一种手工技艺，这种手工技艺在高度文明的时代，其内涵变得越来越丰富。它已不再是一种单纯的陶瓷彩绘方法，而被时代赋予了更高层次的精神文化内涵。陶瓷绘制需要有宁静的心态和十足的耐心，才能体验到学习新技艺的乐趣，才能发挥个性并从中得到艺术的享受。

为了更好地开展新彩绘制课程的教学，我们编写了《陶瓷新彩绘制技艺》这本教材，其宗旨是让教学更具直观性、实用性和指导意义，也让这门传统的制作工艺得以传承和发展，为创造出更多、更美、更新的陶艺作品做出自己的贡献。

限于时间和个人经验不足，本教材难免存在一些问题，有不当之处，恳请广大师生及相关专业人士提出宝贵意见。

著　者

2022 年 10 月

# 目　录

陶　瓷　新　彩　绘　制　技　艺

12345678

# 工作任务一

## 陶瓷新彩绘制技艺认知

## 学 习 目 标

1. 了解什么是釉上彩及釉上新彩的源流与沿革。

2. 知晓新彩的装饰形式及工艺特点。

## 1.1 釉上新彩源流与沿革

新彩是陶瓷釉上彩的一种。釉上彩包括单色彩、红绿彩、斗彩、五彩、古彩、粉彩和新彩等。所谓釉上彩，就是先烧成白釉瓷，或者烧成单色釉瓷，也可以烧出多色彩瓷，在这样的陶瓷上进行彩绘后，再入窑经 750 ～ 800°C烘烤。

我国最早的陶瓷釉上彩装饰可追溯到宋、金时期磁州窑所创的红绿彩，它是以矾红和绿色彩釉为色剂，进行瓷面勾画或彩绘出纹饰，入窑低温烤花而成（图 1–1）。

此时红绿彩的特点是：色彩鲜艳夺目，红绿对比强烈，笔法流畅、潇洒。红绿彩瓷的主色彩为红、绿、黄三种颜色，一般以红色、绿色为主，间以黄色；在实际配制色彩时因金属氧化物比例不同，也会形成深浅不同的色阶，造成最终呈色各异。红彩有正红、枣红等色，绿彩有翠绿、墨绿、褐绿和浅翠绿等色，黄彩有浅黄、明黄和金黄等色。可以说红绿彩开创了陶瓷釉上彩绘的先河，在陶瓷史上具有划时代的意义，为明清景德镇釉上彩工艺的发展和广泛应用奠定了基础。

图 1–1　金・红绿彩粉盒

至明代，釉上彩又创斗彩和五彩。斗彩中的“斗”是景德镇的方言“凑”之意，即斗彩为釉下青花与釉上彩绘相结合进行装饰的一种方法。斗彩的装饰方法是指用青花料在坯胎上勾勒轮廓线，罩透明釉烧成后，再在轮廓线内填釉上颜料，经低温烤花再次烧成。明代成化年间是斗彩创烧的繁荣期，此时出现不少具有时代特色的精美作品，对后世釉上彩瓷的审美甚至收藏都产生了深远影响。明代成化年间的斗彩装饰题材以动物、植物为主，器形一般小巧玲珑、薄轻体透，胎质洁白细腻，且装饰风格以细腻精致为特色而举世闻名（图 1–2）。成化景德镇窑御用斗彩器是宫廷御用珍赏品，制品少而精。在明万历时期成化斗彩身价倍增。据明《万历野获编》记载，“窑器最贵成化，次则宣德……顷来京师，则成窑酒杯每对博银百金，予为吐舌不能下。”清代程哲在《蓉槎蠡说》中亦称“神宗时尚食御成杯一双已值钱十万”，可见明朝晚期已把成化斗彩当作瑰宝，帝王和贵族尤其珍视。五彩又有“硬彩”“古彩”等称谓，“五”字在这里不再局限于数量，而泛指多种、丰富之意，一般以红、黄、绿、紫、蓝、黑、赭和金等几种色彩描绘；它始于明而盛于清代康熙年间。五彩一般可分为青花五彩和釉上五彩两大类；大明五彩采用青花和釉上彩的红、黄、绿、紫、黑相结合进行装饰，属于青花五彩的范畴。清康熙时期是中国古彩瓷发展的鼎盛时期，此时用釉上彩钴蓝色取代了明代所用的釉下青花，此时的五彩均是在已烧成的釉瓷上进行施彩装饰，再入窑经 750 ～ 800℃烤花而成，属于釉上五彩瓷（图 1–3）。同时，黑彩也用于釉上，即以珠明料勾勒线条，成为纯粹意义上的釉上彩绘品种。

图 1–2 明成化斗彩鱼藻纹碗

图 1–3 康熙五彩侍女盘

清康熙末年至清雍正初期，在清康熙五彩的基础上，受珐琅彩制作工艺影响，吸收其表现手法，景德镇又创烧了粉彩这一釉上彩绘品种。粉彩创于清康熙年间，成熟于清雍正年间，兴盛于清乾隆年间并延烧至今。民国时期的许之衡在《饮流斋说瓷》中道："软彩又名粉彩，谓彩色稍淡，有粉匀之也。硬彩华贵而深凝，粉彩艳丽而清逸。"这在一定程度上说明了古彩与粉彩的特点。清雍正粉彩制作工艺已十分精良。此时，粉彩不断发展，洗染的手法开始出现，效果已由五彩浓艳的色彩转而趋于柔和秀美的风格，同时，由于借助熔剂来帮助发色和降低烧成温度，软彩（即清雍正粉彩）也因此而得名。清乾隆时期由于政治稳定、经济繁荣，文化艺术也得到了长足的发展。清乾隆粉彩无论是制瓷规模，还是制瓷数量和质量都达到了历史的顶峰（图 1–4）。粉彩装饰与我国传统绘画有着密切联系，在清雍正、乾隆时就已具备了较强的艺术表现，几乎达到了我国传统绘画所能达到的最高艺术境界。在中华人民共和国成立以前，古彩和粉彩是釉上彩绘艺术中极具代表性的两大传统装饰艺术门类。

18 世纪的西方国家，随着科学技术的进步及陶瓷工业的迅速发展，釉上陶瓷颜料的制备形成了一整套科学方法，即以氧化铁、铜、锰、锑、铬等矿物为原料，经过高温煅烧成各种色彩的熔块，再配以低温釉面附着剂（熔剂）研磨制备而成。此种低温釉上颜料发色稳定，绝大部分颜色都可互相调配，烧成前后颜料色相基本保持一致，因此在绘制时对画面的最终效果有预见性。这种釉上陶瓷装饰新材料在 19 世纪与 20 世纪之交的清末民国初期，从德国等欧洲国家传入中国，因为这种彩绘原料及装饰手法均来自西方，当时被称作"洋彩"。洋彩刚出现时，因传统陶瓷彩绘艺术受我国传统绘画的影响深远（比如粉彩的装饰技艺就已高度成熟），所以洋彩的明暗画法在我国尚得不到认可和从业者的足够重视，没能得到很好的发展，一开始只以简单粗陋的形象出现在民用的日用粗瓷装饰上。因为洋彩画法来自西方，彩绘所用的笔也同油画用笔一样是扁笔，所以当时在唐山称这种装饰为扁笔抹花，在景德镇则称为"一笔画""新花"。

20 世纪 20~30 年代，洋彩与中国传统陶瓷彩绘技法的结合还处于探索阶段，景德镇开始有少数艺人尝试着运用洋彩去表现牡丹、梅花等中国画题材，此阶段作品不够纯熟。

图 1–4　雍正粉彩碗

20 世纪 40~50 年代，景德镇

图 1–5 陆云山 · 飞白鹤

的一些艺人继续着洋彩明暗画法与我国传统绘画及传统陶瓷彩绘技法结合的探索，他们在创作中更多地将中国画的“笔情墨趣”融入瓷画中。如民国时期陆云山的“梅桩”画法，是以传统国画画梅花的技法为基础，结合新彩彩绘特色，所形成的新彩画法（图 1–5）；黄海云以洋彩的扁笔抹花画法为基础，结合写意国画表现技法，形成了具有西方画色彩感和中国画笔意的扁笔画法；徐成以国画的没骨花鸟为基础，在瓷上进行彩绘装饰也形成了自己独特的艺术风格；周湘甫在清雍正黑彩基础上，开始用黑彩、红彩描绘形象，再勾勒金线，在墨彩描金的装饰手法上进行探索；程大有、陈先水利用新彩颜料创造性地发展了景德镇的刷花工艺，使洋彩在陶瓷的产业化生产上得到进一步发展与运用。由于这些陶瓷艺人的探索、创新，此时的洋彩在国内已有了很大的发展，基本上从脱胎于西方的艺术表现形式，逐步形成了具有中华民族特色和地域特色的新的装饰形式。虽然从发展历史来看新彩尚处于形成阶段，但它起到了承上启下的重要作用。

1949 年中华人民共和国成立，社会呈现出蓬勃的生机，这一时期是中国陶瓷业的恢复和发展时期，国家重视陶瓷艺术人才队伍建设及生产、研究的重建工作，一些陶瓷研究所、大专院校和大型陶瓷厂纷纷成立。20 世纪 50 年代初，中央工艺美术学院的祝大年、梅建鹰等著名陶瓷艺术家，带着学生往返于景德镇等全国各大瓷区考察、学习，创作了不少格调清新的陶瓷作品，他们作为中国当代陶瓷艺术的开拓者，对景德镇和其他瓷区的艺术发展产生了深远的影响，如主持设计“建国瓷”时选择景德镇作为烧制基地，组织艺人生产自救。老一辈的陶瓷艺术家以饱满的激情投入到讴歌新社会的创作中，此时的新彩艺术得到了真正的深入和持续的发展，可谓丰富多彩、百花齐放，新彩彩绘艺术迎来了一个崭新的发展时期。值得一提的是，20 世纪 50 年代后期，景德镇创办了一家瓷用化工厂，专门生产洋彩颜料、金水及陶瓷贴花纸，从此结束了洋彩材料依赖进口的局面。鉴于洋彩艺术表现形式的本土化，这个时期洋彩正式更名为“新彩”。

由于新彩色料种类多，色彩丰富，烧成温度范围宽，烧成前后色相变化不大，呈色稳定，色料间又可以互相调配，相对于传统的釉上彩绘（如古彩、粉彩）其操作工艺简单，因此20世纪60年代以来开始成为画家喜爱的瓷画品种。如1964年林风眠、王个簃、朱屺瞻、唐云四位画家来景德镇体验生活时，画过一批新彩作品。他们以画家的角度来画瓷，以纯中国绘画的构图与形式来画瓷，画面恬淡、疏放、落拓，别有一番意趣。由此可见新彩在工艺技巧、操作上较粉彩、古彩有诸多的优越性。它不再像粉彩、古彩那样，只在景德镇一枝独秀。它有诸多的优越性，利于它的推广，因而在全国各大瓷区都得到了广泛的推广与应用，其艺术表现形式也逐渐丰富起来。如淄博的刻瓷、唐山的喷彩、广彩、潮州彩等都在这个时期应运而生、蓬勃发展起来。

20世纪80～90年代是艺术气息活跃的年代，伴随着改革开放的春风吹遍中国大地，祖国处处充满生机与活力，陶瓷业也出现繁荣与振兴的局面。1979年，北京首都国际机场订制了大量陶瓷壁画，其中，壁画《森林之歌》以新彩装饰与工笔重彩手法相结合，把新彩的艺术表现手法向前推进了一步。《森林之歌》画作原稿为中央工艺美术学院教授祝大年先生所作，表现的是云南西双版纳的自然风光和风土人情，画作意境优美、构图复杂、色彩丰富。《森林之歌》陶瓷壁画是在祝大年先生与景德镇大批陶瓷艺人的群策群力下成功制作完成的，这不仅体现了瓷砖壁画的艺术价值，而且充分显示出景德镇陶瓷装饰的传统优点和独特风格，它的形式美、意境美，流露出的生活气息，开创了大型釉上陶瓷壁画的新天地，扩大了新彩艺术的表现空间，并为新彩在大型陶瓷壁画和瓷板画的创作领域拓展了新的路子，给当时的陶瓷釉上彩吹来了一股清新的气息。

当时艺术界的现代艺术思潮席卷全国，也影响到了陶瓷艺术领域。在这股思潮的影响下，景德镇的艺术家，特别是站在艺术创作前沿的景德镇陶瓷学院（现更名为景德镇陶瓷大学）的师生们，不满足于固有的表现形式，对新彩这一特殊艺术材料进行了大胆的探索与实践。当时景德镇陶瓷学院的钟莲生、李林洪等老师就是佼佼者，他们对新彩材料的探索影响深远，为新彩艺术更高表现技法和更深文化精神的发展做出了贡献。李林洪老师的作品是以艺术语言抽象、气势恢宏的新彩陶板画见长。他的《山魂》系列、《云山》系列、《圣山奇境》等作品，均体现了艺术家的创作激情和艺术想象。他以山和山的肌理为原型，表现了山的雄伟气势和精神，传递了男性的阳刚之气。这些独具魅力的陶板画富有联想性和独创性，既再现了我国传统水墨画的意境，又表现出西方现代艺术的特征，个性鲜明，色彩强烈。在恍惚间的意象中，仿佛有日月的光华、山川的魂魄、云烟的梦幻，亦有电光火石的闪烁、岁月沧桑的痕迹，更有一种超脱尘俗的岚烟，宛如梦境、一条未曾寻觅的人生线索。李林洪老师早年从事板画创作，后期专攻国画和瓷板画创作，有中西艺术兼容并蓄的绘画功底和基础。他的现代陶板画，不仅保留了油画、国画、水墨画的优长，而且注重发挥材质效果，运用现代绘画的特殊技法，去体现绘画肌理上的微妙变化，从而创造出神秘而奇幻的世界。

景德镇陶瓷学院的老师受过扎实的基本功训练，艺术眼光开阔且学贯中西，不同于工匠和传统艺人，他们对新彩的探索、创新是全方位的，不但注重观念的更新，也注重形式语言的探索等。如郭文连探索釉上彩肌理技法的瓷画创作等，其瓷板画作品《瑞雪》背景部分的处理，就是利用釉上彩油料油渍效果及流淌的特点，将稀油料泼在釉面上，并将瓷器按自己的想法随机倾斜，使其产生流动，油料在流动中逐渐形成变幻莫测的肌理效果，这种肌理是一种瞬间的定格，非人力可为，可遇不可求，所形成的肌理效果让人浮想联翩，似雪中山又似雪中树，极好地突出了表现的主题。

李磊颖的新彩《婴戏》人物瓷板画，显现了在女性的独特视角下童子的活泼可爱、天真烂漫，体现出雅致娟秀、温馨感人的画面。如其瓷板画作品《青草池塘》，画的是天真的孩童们光着脚丫，一童子伸手做捞蝌蚪状，表情凝然，眼神专注，一副沉浸其中的表情；另一童子注视塘中聚拢而来的小鱼，欣喜雀跃之情溢于言表。透过画面，我们仿佛闻到了花香，听到了鸟鸣和孩子们的欢声笑语。看着这样的画面，观赏者也会动容而被感染，发出会心的微笑，仿佛置身于自己儿时的欢乐时光。

景德镇许多陶瓷名家的中国画修养颇高，在新彩作品中以国画形式表现的也颇为常见，就是在瓷器上以新彩颜料从事国画形式创作。如名家王锡良、张松茂、陆如、王隆夫、黄卖九、王怀俊、戴荣华、侯一波等，常有此类作品出现。

新彩不单单表现了传统的国画形式，还融入了各种姐妹艺术的表现形式。在表现技法、材料肌理、形式语言等方面，陶瓷艺术家们进行了不断的探索、研究，拓展了各种新的表现技法，并形成了各自鲜明的艺术风格。景德镇的陶瓷艺术家和学院派的艺术家相互影响，在继承传统和创新领域共同开启了新彩装饰的新篇章。

21 世纪以来，伴随着文化的多元化发展，当代陶瓷新彩装饰艺术也在艺术群体、表现题材内容、表现风格等方面呈现出新的变化，为这门古老艺术注入了全新的生命力。

21 世纪以来，越来越多的具有较高学历的高端人才加入到陶瓷绘画创作中，“学院派”实力日益增强，这些高素质陶瓷绘画人才在陶瓷彩绘中大胆引进现代艺术创作技法与理念，并与国内外现代陶艺界进行深入和广泛的交流，极大地促进了新彩艺术的发展。

当代新彩艺术家置身当代的文化环境，基于当今社会生活的感受，更加追求精神传达并进行材料表现上的探索。一方面强调作品的主题表现和作者对陶瓷绘画语言的创新与探索，另一方面又拓展陶瓷材料的表现张力和性能。不少新彩瓷画艺术家在作品创作中，除了使用传统绘画装饰的笔与颜料外，还不断对材质、技巧等进行尝试、变革，如景德镇陶瓷艺术革新的代表性人物戚培才，其陶瓷指画的成功，并非是偶然所得，而是在长期实践过程中，不满足于现状锐意创新的结果。

在瓷绘题材、内容上也从特定性向自由性发展。装饰内容的自由性为创作者展开了想象的翅膀，从而使创作者把艺术表现形式、作品意境、气韵格调上的美感追求上升到更加主要的位置。如陶艺家白明的新彩作品《心中山水尽和畅》，无论从题材还是形式上看均表现得更加自由。

“笔墨当随时代”，新世纪的新彩瓷绘艺术家一方面继承彩瓷的传统技艺精华，展示出民族精神、气质和品格；另一方面又与当代现实生活相融合，着意强化艺术创作者的主体意识、情感意境的表现，使现代审美情趣与传统艺术相结合，不断探索新的、适合当代的新彩瓷绘艺术表现形式。

进入 21 世纪后，伴随着全球一体化进程的加快，世界多元文化格局已然形成，陶瓷绘画这门古老而传统的艺术也不可避免地受到多元文化的影响。陶瓷绘画艺术的多元化发展从某种程度上说也是其在当代繁荣发展的标志。作为创作者，应该对创作理念、技法、风格等进行更加全面的思考，主动适应这种变化，抓住这个难得的历史机遇，使个人艺术发展迈上新台阶，也只有更多的人对新彩艺术表现进行深入的研究和探索，新彩艺术的发展才会迎来一个新的春天。

## 1.2 新彩装饰形式及工艺特点

### 1.2.1 新彩装饰形式

自 19 世纪末从国外引进，到改良形成独具民族特色、地域特色的重要的釉上陶瓷装饰艺术门类，新彩走过的历程并不长。新彩色彩种类丰富，除极少数颜料外，大部分可以相互调配，烧成前后色相变化不大，烧成后色彩甚至更亮，纯度更高，因此非常直观，运用方便。其表现形式丰富多彩，既可表现中国画效果，又可表现油画、水彩装饰效果，可抽象，可具象，表现度自由，是釉上彩绘装饰门类中局限性最小和最富有艺术生命力的陶瓷彩绘画种。新彩以其丰富的表现形式、独特的艺术语言受到了人们的推崇。

新彩的装饰形式有手工彩绘、墨彩描金、广彩、潮州彩、腐蚀金装饰、喷彩、贴花纸等。

### 1. 手工彩绘

手工彩绘是新彩装饰艺术中最常见、运用最广泛的艺术表现形式，它用各种毛笔或工具蘸取色料后以手工的形式在瓷面上进行绘制。绘制时运用各种技巧方法来表现作者的构思与创意。此形式尤其在高档的艺术瓷中应用广泛。

### 2. 墨彩描金

墨彩描金是用新彩颜色中的西赤和艳黑在瓷胎上勾勒、渲染出各种形象或图案的明暗、深浅变化，经过烧成后，再用金色在形象上重新勾勒轮廓及衣裙上的织锦图案、花鸟的筋纹等，然后再次入炉经二次烧制而成。墨彩始见于清康熙中期，流行于清雍正、乾隆时期，并一直延续至清末、民国时期。清康熙时的墨彩色泽浓重，彩釉配墨彩，瓷制纯净，纹饰多以花鸟为主，画风深受同时代画家的影响。

图 1–6 周湘甫 · 墨彩描金木兰从军瓶

墨彩描金这种装饰形式虽然色彩单一，但红黑两色对比强烈，绘制精细工整，加之金色的轮廓及衣裙上的织锦图案、花鸟的筋纹等熠熠闪光，平添了几分富贵华丽之感；洁白的瓷质衬托墨彩描金画面，典雅华丽，装饰与绘画结合得恰到好处，是雅俗共赏的新彩装饰艺术门类。墨彩描金的艺术手法流传到广州、潮州后得到进一步发展，对独具地域特色的广彩和潮州彩瓷器有一定的影响。（图 1–6）

### 3. 广彩

广彩是广州地区釉上彩瓷艺术的简称，亦称广东彩、广州织金彩瓷，指广州烧制的织金彩瓷及其采用的低温釉上彩装饰技法，是在各种白瓷器皿上彩绘烧制而成的传统釉上陶瓷装饰。广彩始于明代的广州三彩，自清康熙年间发端以来，受景德镇釉上粉彩、古彩等彩绘瓷的影响深远。初期的广彩瓷器与景德镇的五彩、粉彩瓷差别不大，尚未形成自己的独特风格。到清代发展为五彩，清末时广彩在保持传统工艺的基础上，吸收了欧美艺术精华，逐步形成独具地域特色的广彩瓷风貌，并在清乾隆年间逐步形成独特的艺术风格，至今已有300多年历史。

广彩以构图紧密、色彩浓艳、金碧辉煌为特色（图1–7）。广彩瓷亦分为艺术瓷和日用瓷两大类。艺术瓷的彩绘技法以中国画画法为主，讲究技巧，笔工精湛，内容多为人物花卉，亦有外国油画中的西方风景、人物和故事，日用瓷包括碗、碟、壶、盅等，加彩方法简单、豪放，富于民间装饰风格。

图1–7 猴皇献瑞

### 4. 潮州彩

潮州彩瓷简称潮彩，是广东省潮州地区运用新彩颜料，结合传统釉上彩绘艺术形成的独具地方风格的彩瓷品种。

潮州彩是在广彩的基础上用堆料来勾勒线条。堆料一般用白釉、玻璃白、炼硼砂等按一定比例混合而成，使线条产生凸起的沥线，入烤花炉烧成后在沥线上描金，再入炉二次烧成。

### 5. 腐蚀金装饰

腐蚀金也称雕金彩。腐蚀金装饰首先采用沥青、石蜡等耐氢氟酸的物质，以汽油稀释后绘制画面或纹样，再用氢氟酸涂布于画面上进行腐蚀，待冲去氢氟酸和除去沥青后的瓷上出现光、毛面花纹，然后再在纹样上平涂金水，放入烤花炉，烧成后釉面被腐蚀部分金色呈现亚光色泽，而未被腐蚀部分金色则光滑如镜，形成质感上的光、毛对比，极富立体感，故有“雕金”之称。这种新彩腐蚀金的装饰手法，在20世纪60~70年代的中国各大瓷区都有广泛的发展与推广运用。

### 6. 喷彩

釉上喷彩是用机械化代替手工刷绘，以喷枪和空气压缩机进行喷绘，其效果比刷花更为细腻、柔和，唐山的刘振甲是喷绘手法的代表人物。

### 7. 贴花纸

釉上新彩贴花纸是将新彩颜料印刷于薄膜上或胶水纸上，再转移贴于瓷面上，然后入炉烧成的一种装饰工艺方法。

## 1.2.2 新彩的工艺特点

新彩颜料是用熟料制成的，它是由矿物质如锰、铁、氧化铜等，经过高温烧制后形成熔块，然后经过细磨，加入熔剂配制而成的，主要有如下特点：

（1）大部分新彩颜色色相较直观，经过750～850°C烧成后，除少数几种外，大部分颜色烧前、烧后几乎没有色相上的变化（但也有例外，如洋红、宝石红，易于掌握）。

（2）烧成范围相对较宽，在750～850°C烧成温度区间，几乎都能正常发色。

（3）颜色品种多，色相丰富，色彩附着力强。

（4）大部分颜色可以互相调配（除少数几种颜色互调后会出现“吃色”或变色现象外）。调色时方法多样，可用油调、水调、酒精和胶调等。

除以上工艺特点外，新彩颜色还有便于储存、使用方便的特点。但是，新彩颜色烧成后较粉彩、古彩而言，没有玻璃质感，这是新彩不及粉彩、古彩的地方，有待改进。

12345678

# 工作任务二

## 常用工具及材料

## 学 习 目 标

1. 了解新彩绘制常用工具、颜料及调色剂等。
2. 学会泡制桃胶水及新彩绘制特殊、简易工具的制作。
3. 认识新彩工具、颜料及调色剂的使用方法、特点、用途等。

## 基础技能

1. 制作针笔和扒笔。
2. 泡制桃胶水。

俗话说“工欲善其事，必先利其器”，因此，在学习新彩绘制之前，认识新彩绘制的相关工具、材料（如绘制的笔类、颜料、调色剂等），并进一步了解其特性，熟悉其使用方法及学习自制简单、实用工具等显得尤为必要。

## 2.1 工具

### 2.1.1 笔类

#### 1. 勾线笔

新彩勾线笔用于绘制时勾勒线条，它与一般的国画用勾线笔略有不同。（图 2–1）为景德镇所特制的勾线笔（一般称之为“料笔”），一般用野兔毛制作而成，性硬而富有弹性，笔锋圆润饱满，笔杆较一般国画勾线笔更长且分量更重，更有利于绘画时执笔的稳定性，此笔更适于用油料勾线。根据笔肚含料的多少、笔的形制大小可分为双料、料半和单料三种画笔。双料画笔为大号画笔，多用于写字或勾勒较粗的线或绘制大件作品，料半画笔为中号画笔，是最常用的画笔，其笔腹亦能含较多的料，多用于画衣纹、叶脉；单料画笔为小号画笔，笔锋尖细，常用于绘制小件、精细的作品。选笔方法与国画基本相同，原则是以尖、齐、圆、健为标准。水料勾线笔，亦可用国画勾线笔代替。

图 2–1

#### 2. 羊毫笔（或白云笔）

笔毛松软，颜色洁白，吸水率好，蘸料饱满，可用于新彩的填色与绘制。与书画中羊毫笔性质相同，分大、小不同型号。（图 2–2）

图 2–2

#### 3. 彩笔

彩笔又称鸡毫笔或兼毫笔，利

用其弹性的笔锋来渲染或“彩”出颜色的浓淡、深浅变化及对象的体积感。其笔锋细长，可细可粗，亦可用于勾勒线条。（图 2–3）

### 4. 水粉笔、油画笔

此类笔笔锋扁平，可作为新彩绘制的用具，根据作品需要采用，会有意想不到的效果。（图 2–4）

### 5. 扒笔、针笔（可自制）

主要用于修整不匀称的线条，或用于扒出花绘叶筋纹、装饰纹线及人物的发丝等，是绘制新彩时不可或缺的工具，可直接用废旧的勾线笔、竹筷、竹片等削制而成。（图 2–5）

### 6. 笃笔（可自制）

一种特制的笔，又名跺笔，笔锋平齐，用于拍跺颜色，使小块颜色均匀或有浓淡渐次变化。此笔可用针管笔杆嵌入海绵制成（图 2–6），也可用废旧的羊毫、兼毫笔剪齐笔毛后扎制而成。

## 2.1.2 其他辅助工具

根据画面及个人所需，有时采用一些辅助工具，主要用于修整、完善画面的效果。辅助工具有丝绵、海绵、料拍、扒笔、针笔、拍图纸、砚台、墨、毛笔、棉花、棉签、油盅、料碟、调色盘、靠手板、调色刀、料铲、研钵、擂槌、烤花炉等。

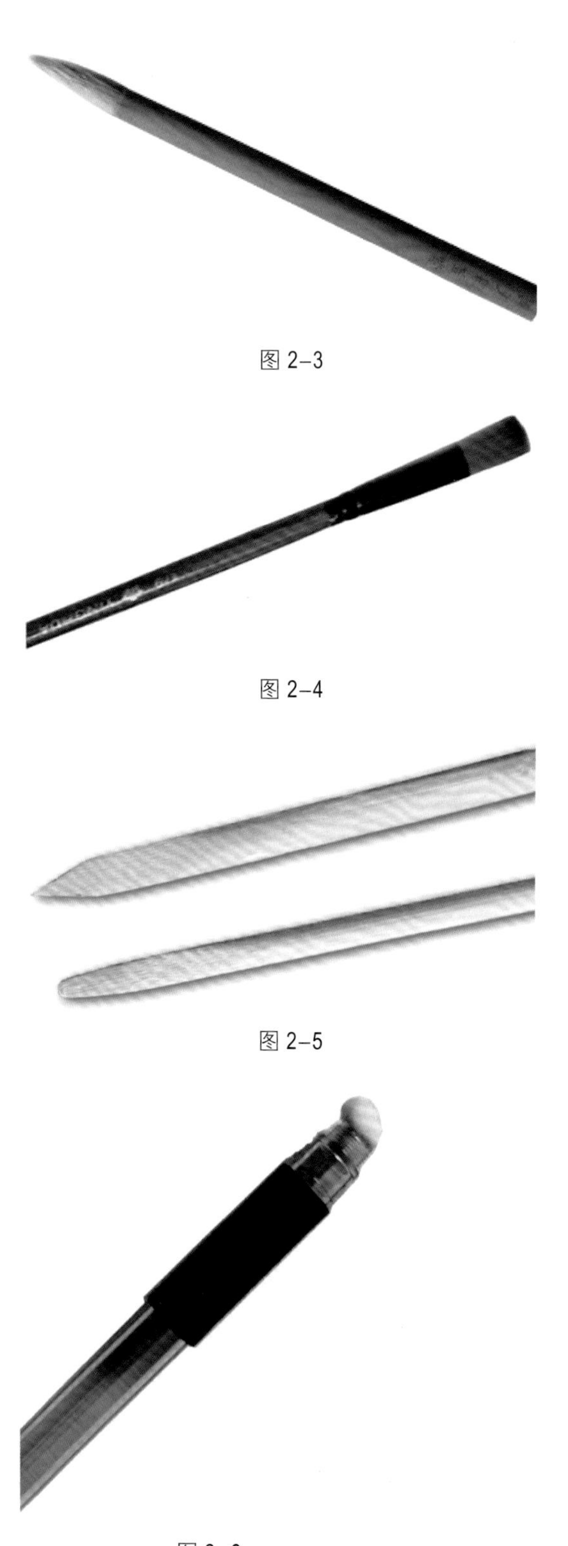

图 2–3

图 2–4

图 2–5

图 2–6

图 2-7

### 1. 料拍、海绵

用来笃拍新彩颜料，使颜色更加均匀，过渡自然。可直接用海绵、化妆棉，也可用废旧丝袜包裹棉花或丝绵，再用线捆扎制成料拍。（图 2-7）

### 2. 纸、砚台、墨、毛笔

纸（生宣纸）、砚台、墨、毛笔均为起稿、描图用。

图 2-8

### 3. 棉签和棉花

用来修改需要调整的画面或清除不需要的颜色的辅助工具。棉签适合修整较大面积；棉花一般做成小棉球或者包裹在扒笔笔尖上使用，适合修整小面积和细线条，是使用频率较高的工具。(图2-8、图 2-9)

### 4. 料碟、调色盘

料碟可为“摞叠式”，用于贮存各种油料和颜料。既节约空间，又能防落灰尘，保持颜料洁净、不干涸。调色盘可用大小不同的白瓷盘（以白色釉面的平盘为宜），用于调配颜色。另外，景德镇产的瓷质有盖的调色盘非常好用。（图 2-10）

图 2-9

图 2-10

图 2-11

### 5. 靠手板

又称搁手板，顾名思义为搁放手腕之用。便于靠手，既可保持手腕稳定，又可避免把已画好的画面蹭掉。（图 2-11）

### 6. 调色刀、料铲

调色刀、料铲除用来搓制颜料外，调色刀也可以像画油画一样，以刀代笔用来作画。（图 2-12）

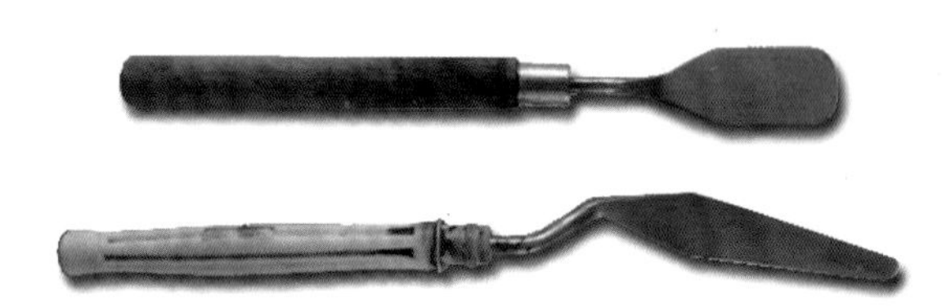

图 2-12

### 7. 研钵、擂槌

均为瓷质，其特点为研钵的内侧和擂槌的锤头均未施釉，此设计目的是增加摩擦系数，达到较好的擂磨效果。研钵、擂槌配合起来使用，可用于擂细各种新彩颜料干粉和擂磨水颜料，尤其在擂细胶水颜料时特别适用。根据需要，研钵、擂槌选用大、中、小不同的型号。（图 2-13）

### 8. 油盅

盛装乳香油、樟脑油等油类的瓶子（带盖玻璃瓶或塑料瓶均可）。（图 2-14）

### 9. 烤花炉

烤花炉通常以电为燃料，又被称为电炉，主要用于新彩的烤花（在瓷器上进行装

图 2-13

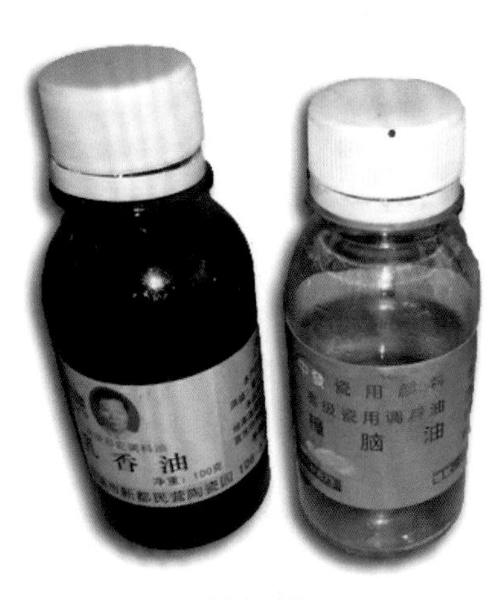


图 2-14

饰以后，为使花面纹样牢固地附着于瓷的釉面上，这一过程称为“烤花”）。新彩的烧成一般采用间歇式烤花电炉，烧成温度为 760 ～ 800℃。烧成从预热到升温过程一般为 4 ～ 5h（烧成时间还要根据烤花炉大小不同具体而定），升温应缓慢，防止颜料惊爆、皱色，烧成后还需冷却一段时间方可出炉。（图 2–15）

图 2–15

## 2.2 颜料

新彩颜料主要由色剂和熔剂两部分组成。色剂是以铜、锰、铁、铬、钴等各种着色属氧化物为原料，经过高温煅烧后制备成各种不同色彩的熔块，是颜料的主要发色部分；熔剂主要是硅酸铅和硼酸铅，为釉面的附着剂。熔剂既可调节颜料烧成的熔融温度和帮助发色，又是颜料和瓷面的结合剂，其成分对颜料的发色、光泽度、烧成温度有直接影响。不同新彩颜料和熔剂的化学成分及特点如下：

图 2–16

### 1. 红色系

（1）洋红（常用颜色）

洋红烧成后呈桃花的粉红色，故又名桃红。主要以金为着色剂，配以适量熔剂制成。性质较硬，呈色稳定，烧成温度为 750 ～ 800℃。与蓝色调和后呈蓝紫色系，但与铁红调和时须谨慎，以免失色。（图 2–16）

（2）玛瑙红（常用颜色）

玛瑙红为玫瑰红颜料，主要以铬的化合物和少量黄金为着色剂，配以适量熔剂制成。性质柔和，呈色稳定，玛瑙红烧成前为暗紫黑色，烤花后才显现出玫瑰红色。玛瑙红是新彩颜料中最耐温的，经 920℃左右的温度烤花后仍呈色正常。（图 2–17）

图 2–17

（3）宝石红

宝石红为深紫色颜料，以金为着色剂，配以适量熔剂制成。性质较硬，发色力强，呈色稳定，烧成温度为 750 ～ 800℃。温度过低，发色不佳，呈酱红色；温度过高，呈玫瑰紫色。可以和其他颜料调配，以降低其他色的明度。

（4）西赤（常用颜色）

朱红色颜料，以铁的氧化物为着色剂，配以适量熔剂制成。性质柔和，呈色稳定，烧成温度较低，为 700 ～ 780℃，超过 790℃烤花温度，红色变淡甚至变成浓黄色。如果涂饰过厚，颜色易发暗，呈褐红色。

图 2–18

西赤是新彩绘制时常用的基本色之一，用途广泛，与艳黑调和为深褐色，俗称“麻色”。西赤不能与薄黄调和使用，烧成后有“吃色”现象。（图 2–18）

（5）小豆茶（常用颜色）

小豆茶为赭红色颜料。以铁的氧化物为着色剂，配以适量熔剂制成。性质柔和，不耐温，烧成温度为 700 ～ 760℃，超过烧成温度颜色变为黑褐色。（图 2–19）

图 2–19

图 2–20

## 2. 黄色系

（1）薄黄（常用颜色）

薄黄为柠檬黄色颜料。以锑、锡等氧化物为着色剂，配以适量熔剂制成。呈色纯度高，性质较硬，烧成温度为 700 ～ 750°C，可以与海碧蓝、草青、川色等耐温颜料调配，呈色稳定，光泽感强，但不能与低温的颜料（如西赤、小豆茶、红黄等颜色）调配，否则烧成后会“吃掉”低温颜料，仍显黄色。（图 2–20）

（2）浓黄（常用颜色）

浓黄为深黄色颜料。以锑、锌、铁的氧化物为着色剂，配以适量熔剂制成。比薄黄性质柔和，发色稳定，可以和其他颜料调配，烧成温度为 720 ～ 760°C。（图 2–21）

图 2–21

（3）红黄

红黄为鲜艳的橙黄色。以铬的氧化物为着色剂，配以适量熔剂制成。红黄性质较硬，是最不耐温而且呈色不稳定的颜料，烧成温度范围较窄，为 650 ～ 700°C。红黄色虽然呈色鲜明，但只适宜单独使用，而且填画时必须达到一定的厚度，不能与其他颜料调配，否则烤花后容易失色。（图 2–22）

图 2–22

## 3.赭色系

（1）代赭（常用颜色）

代赭又称淡赭，为赭黄色颜料。以铁与锑的氧化物为着色剂，配以适量熔剂制成。发色稳定，光泽感强，烧成温度为720～780℃。（图2-23）

图2-23

（2）赭色

为赭色系颜料之一，浓淡发色介于代赭和深赭之间，发色较为稳定，色彩艳丽，光泽感较好，为新彩中常用颜料。

（3）深赭

深赭又称咖啡色，为颜色较深的赭色颜料。以铁与锑的氧化物为着色剂，配以适量熔剂制成，为常用的一种赭色颜料。发色稳定，光泽感强，烧成温度为720～780℃。

## 4.蓝色系

新彩的蓝色系颜料大多是以钴的氧化物为着色剂，配以熔剂制成。根据其深浅变化的不同，可分为湖蓝、海碧蓝、天青和深蓝等几种。

图2-24

（1）湖蓝

如湖水一般的蓝色，给人以无限遐想。湖蓝颜色较浅，有点偏蓝绿色。可以用蓝色加黄调配而成。

（2）海碧蓝（常用颜色）

能与多种新彩颜料调配。海碧蓝性质柔和，呈色稳定，发色力强，烧成温度范围很广，为720～780℃。（图2-24）

（3）天青（常用颜色）

蓝中泛绿，与海碧蓝相比偏青绿色，

图 2–25

也可用海碧蓝与绿色系颜料调和而成。（图 2–25）

（4）深蓝

是比海碧蓝更深一层的颜色。颜色纯度略高一些，性质柔和，呈色稳定，发色力强，烧成温度范围很广，为 720 ～ 780℃。

## 5. 绿色系

新彩中的绿色系颜料大多是以铬、钴、锑、铜等的氧化物为着色剂，配以适量熔剂制成。性质较硬，烧成前后变化不大，呈色较为稳定，光泽感好，烧成温度为 720 ～ 780℃，范围较为宽泛，也较耐温。根据其深浅变化和发色的不同，可分为如下几种：川色、竹青、橄榄绿、草青、深绿、皮色等。

（1）川色

川色为草绿色颜料。以铬、钴、锑、铜的氧化物为着色剂，配以适量熔剂制备而成。性质与草青接近，呈色稳定，光泽感好，为主要的绿色颜料。（图 2–26）

图 2–26

图 2–27

（2）竹青

竹子的青绿色，以铬、钴、锑、铜的氧化物为着色剂，配以适量熔剂制备而成。青翠艳丽，色泽醒目，呈色稳定。（图 2–27）

（3）橄榄绿

橄榄绿为颜色较深的黄绿色颜料，发色力强，性质柔和，呈色稳定，可以和其他颜料混合使用。烧成温度为 700 ～ 780℃。

（4）草青（常用颜色）

草青为深绿色颜料。以铬、钴、锑、铜等的氧化物为着色剂，配以适量熔剂制备而成。性质较硬，呈色稳定，较耐温。一般用来表现草地和树叶。（图 2–28）

图 2–28

（5）深绿

深绿是相较于草青更深一层的颜色，代表成熟且具有沧桑感的生命状态，可用于表现密林、繁叶等。

（6）皮色（常用颜色）

皮色为墨绿色颜料。以铬、钴的氧化物为着色剂，配以熔剂制备而成。性质较软，呈色稳定，光泽感强，它也可用艳黑调草青来获得。

## 6. 黑色系

是以铁、钴、锰等元素的氧化物为混合着色剂，配以硅酸盐熔剂制成。呈色稳定，烧成温度范围较广，为 700 ～ 800℃。有艳黑和特黑两种。

（1）艳黑（最常用颜色）

艳黑为深黑色颜料，是以铁、钴、锰等元素的氧化物为混合着色剂，配以硅酸盐熔剂制成。性质柔和，呈色稳定，光泽感强，是新彩的主色之一。可单独使用，又可与其他颜料调和。艳黑加少量绿色可呈灰色。（图 2–29）

（2）特黑

比艳黑还要浓黑的一种颜料，可用于人物的眼睛、头发，或大面积黑色块的绘制。（图 2–30）

图 2–29

图 2-30

图 2-31

### 7. 丝网白

新彩中常用的白色颜料，烧成后薄且均匀，一般不单独使用，通常与其他颜料调和。单独使用时，可作为花蕊颜色点缀使用。（图 2-31）

### 8. 金色系

（1）金水

为深棕色的黏稠状液体，烧成后为金黄色，呈色稳定，烧成温度为 650 ～ 800°C。金水或白金水（银水）在使用过程中，不能和其他新彩颜色调用，否则会造成渗化失色，金色晦暗无光。

（2）金粉

金粉呈粉末状，可加乳香油或水调和使用，烧成后为黄褐色，需用玛瑙刀打磨抛光之后才呈现金色。

### 9. 熔剂

以铅、钾、硼、钙等化合物与石英配合，烧炼成硅酸盐熔剂。熔剂为无色透明的玻璃状物质，主要用于与各种着色剂配制成各种新彩颜料。新彩颜料中加入熔剂，可使色调饱和度减弱，色相偏淡，降低颜料烧成温度，并使烧成后的颜料光泽感更好。

## 2.3 常用间色的调配参考

新彩颜料大部分可以互相调配，因此，想要获得更为丰富、合乎要求的新彩色系，便可将所需新彩颜料进行适当调配，这里需要注意的是最好做到将新调配好的色相进行试烧，符合要求后再正式使用。常用间色调配比例如下：

麻色：艳黑 25%、西赤 75%

麻代色：艳黑 38%、代赭 35%、小豆茶 27%

紫色：海碧蓝 25%、洋红 75%

深紫色：海碧蓝 20%、玛瑙红 80%

粉红：玛瑙红 20%、白熔剂 80%

深红色：小豆茶 25%、红黄 75%

嫩绿色：薄黄 25%、川色 75%

墨绿色：艳黑 20%、草青 80%

浅灰色：艳黑 4%、海碧蓝 13%、白熔剂 83%

灰色：熔剂 70%、艳黑 30%

灰蓝色：艳黑 30%、海碧蓝 70%

皮色：艳黑 15%、草青 50%、海碧蓝 35%

新彩颜料一般可以互相调配，且与普通的色彩调配原理是一致的，但因新彩颜料为无机化合物，某些颜色调配在一起烧成时会产生化学反应，出现如下失色现象：

（1）金水与艳黑调配呈现紫色。

（2）丝网白与西赤调配呈现浅黄或浅灰色，而非肉色。

（3）西赤与薄黄调配，因“吃色”现象，烧成后仍为黄色。

## 2.4 调色剂

新彩常用的调色剂有乳香油、樟脑油、煤油、酒精、桃胶水等，主要用于颜料的调制与稀释。

### 1. 樟脑油

樟脑油为浅淡的黄褐色液态油脂，由樟树脂蒸馏提炼而成，是常用的稀释剂。樟脑油挥发性强，易干，且具有较强的渗化性，渗化到邻近油色上，会使油色晕散“炸开”。（图 2-32）

图 2-32

## 2. 乳香油

乳香油为深褐色黏稠的油脂，用于新彩油料的调制。性质柔润，黏性较强，不容易干，且不影响彩绘颜料的呈色。（图 2–33）

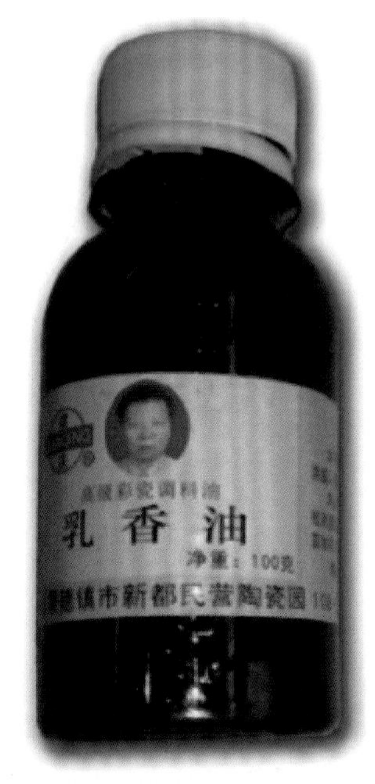

图 2–33

## 3. 桃胶水

桃胶水是用桃树脂和水按一定比例配制而成的胶水液体，用于新彩水料的调制。桃胶在颜料店买来时是颗粒状的，使用时先用温水将其化成浓液，再按配比（浓桃胶液 1、清水 50）调制成桃胶水。（图 2–34）

## 4. 酒精

酒精有 75% 和 95% 两种浓度，都可以用来稀释油料，亦可清洗调料盘，且料易被清洗干净。（图 2–35）

## 5. 煤油

煤油为石油提炼物，透明液体，绘制时可用作新彩颜料的稀释剂，尤其在绘制国画效果的新彩作品时，有留住笔触的作用，且可避免笔触痕迹的“炸糊”。

图 2–34

图 2–35

## 2.5 基础技能 1 制作针笔和扒笔

制作步骤：

（1）选用一支废旧的勾线笔（或竹筷）。（图 2-36）

（2）笔杆不转动，用刀顺着同一方向削制，留下笔杆横截面约四分之三。（图 2-37）

（3）转动笔杆，继续削制。（图 2-38）

（4）削制完成。可根据实际需要削制成不同宽度和形状。（图 2-39）

图 2-36

图 2-37

图 2-38

图 2-39

## 2.6 基础技能 2 泡制桃胶水

### 1. 调配步骤

（1）将颗粒（块）状的桃胶放在容器中，再注入适量的温水将其泡成浓液，水量以没过桃胶颗粒为宜。（图 2–40）

（2）将泡好的浓桃胶液和清水按 1:50 的比例调配成桃胶水。（图 2–41）

（3）用纱布裹住瓶口，将调配好的桃胶水中的渣滓过滤掉。（图 2–42）

（4）将桃胶水放进带盖的容器中备用。（图 2–43）

### 2. 提示

桃胶与水的比例也可结合实际情况稍作调整。市场上也有售卖调制好的桃胶水，但浓度和质量不一，亦可根据所需尝试选用。

图 2–40

图 2–41

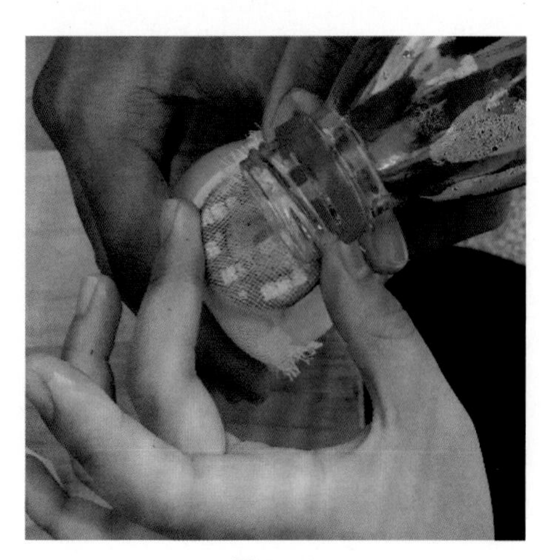

图 2–42

图 2–43

陶 瓷 新 彩 绘 制 技 艺

12345678

# 工作任务三

## 调制新彩颜料

俗话说："磨刀不误砍柴工"，制备陶瓷新彩颜料，是绘制之前的重要任务之一。颜料颗粒磨制的粗细、油料调制时油量的多少等，将直接影响到下一步的绘制过程，因此，务必认真对待。新彩颜料色相丰富，一般都是粉末状的，随用随调，其调制分水料和油料两种。

**水料**是用桃胶水与各色新彩颜料干粉料按一定比例调制而成。（图 3–1）

因为胶水料中含有桃胶，在瓷面上具有一定的固着力，在其上面再施加其他的油料就不必担心被蹭掉了。

**油料**是用乳香油（或乳香油、樟脑油搭配）与各色新彩颜料干粉按一定比例调配、搓制而成的。（图 3–2）

油料的调制有两种方法：一种方法为只用乳香油调制，另一种方法为用乳香油与樟脑油搭配调制而成。两种方法调制的油料在使用上大致相同。

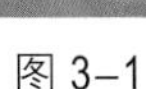

图 3–1

图 3–2

## 3.1　学习任务 1　调制新彩水料

### 学 习 目 标

1. 了解新彩水料的调制原理。
2. 掌握新彩水料的调制方法。

胶水料可以用一种颜料调配，也可以用多种颜料混合调配而成，下面以常用的一种水料（麻袋色，烧成后呈色为黑蓝）为例，具体制备如下：

## 1. 材料与工具

（1）材料

颜料干粉（代赭、小豆茶、艳黑若干）、 桃胶水（调制好的）。

（2）工具

研钵、擂槌、料碟（有一定深度为宜）。（图 3–3）

## 2. 调制步骤

（1）调制桃胶水（需提前制备）

将颗粒状桃胶放入容器，向容器中注入温热水（水量以浸过桃胶颗粒为宜）浸泡成浓桃胶液。再将浓桃胶液和清水按 1：50 的配比调制成桃胶水备用。（图 3–4 ～图 3–6）

图 3–3

图 3-4

图 3-5

图 3-6

（2）配制粉料

将代赭 35%、小豆茶 27%、艳黑 38%放入研钵内，进行混合擂磨。

（3）注入已调制好的桃胶水。（图 3-7）

（4）用擂槌进一步将胶水料研磨至细。（图 3-8）

（5）装入料碟，备用。（图 3-9）

## 3. 提示

（1）桃胶与水的比例为 1∶50，胶多则色层易爆花；胶少则涂油料时胶料易蹭掉。

（2）胶水料中可适当加入少量甘油，以缓解胶料干结的速度。

（3）如果瓷面上有油迹，不易上水料时，于水料中滴入少量洗涤剂，即可解决此问题。

图 3-7

图 3-8

图 3-9

4. 小结

新彩水料的调配需要注意桃胶与水的比例，可用一种颜料调配，也可用多种颜料混合调配而成。在实践练习中，不断地调试、总结，便能调制出理想的水料。

## 3.2 学习任务 2 调制新彩油料

**学习目标**

1. 了解新彩油料的调制原理及两种不同的调制方法。
2. 掌握新彩油料的调制方法。

### 3.2.1 方法 1

1. 材料与工具

（1）材料

颜料干粉、乳香油。

（2）工具

玻璃板 1 块、搓料刀 1 ～ 2 把、料碟。

图 3–10

2. 调制步骤（以蓝色为例）

（1）把干粉放于玻璃板上进行搓压（或研钵中研磨），尽量把干粉搓细。把磨细的新彩颜料干粉放在玻璃板上，中间扒一个小凹槽。（图 3–10）

（2）在料粉中间凹槽处加入适量的乳香油。（图 3–11）

（3）用搓料刀将干粉与乳香油充分拌匀。（图 3–12）

图 3-11

图 3-12

（4）反复搓压成糊状。

起初油料较干稠，反复搓压，颜料会越搓越细。搓料时应注意把握好料的稠度，适当的用油量能使搓好的油料聚成堆而不会塌下来。颜料搓得越细，绘制时就越好用，烧成的光泽度也就越好。（图 3-13）

（5）搓好的颜料会显得细腻、均匀，甚至能拉出细丝来。（图 3-14）

（6）将搓好、搓细的颜色装碟备用（图 3-15）

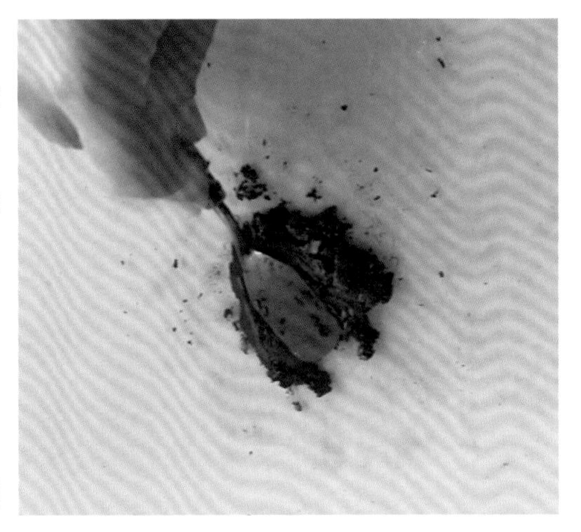

图 3-13

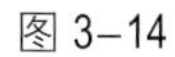

图 3-14

图 3-15

### 3. 提示

（1）乳香油不宜过多，过多会使颜料过黏，黏在笔上不易下料，影响勾勒等操作。

（2）油料调制时料稠时不易搓开，要继续加乳香油；如果乳香油加多了，料太稀不能凝聚成堆而向四周流淌时，必须再加入适量干粉料，至稠度合适为止 。

（3）搓料刀用完时，可直接用纸巾或海绵擦拭干净。搓料刀上若黏有的颜色较干硬，蘸上樟脑油擦拭即可。

## 3.2.2 方法 2

### 1. 材料与工具

（1）材料

颜料干粉（以艳黑为例）、乳香油、樟脑油。

（2）工具

玻璃板 1 块、搓料刀 1 ～ 2 把、料碟。

### 2. 调制步骤

（1）把干粉放于研钵中研磨并进行搓压（或在玻璃板上），尽量把干粉搓细。（图 3-16）

（2）把磨细的新彩颜料干粉倒在玻璃板上。（图 3-17）

（3）在干粉中间扒一个小凹槽，加入适量乳香油。（图 3-18）

（4）用搓料刀将颜料干粉与乳香油充分拌匀，起初油料较干稠，应反复搓压。（图 3-19）

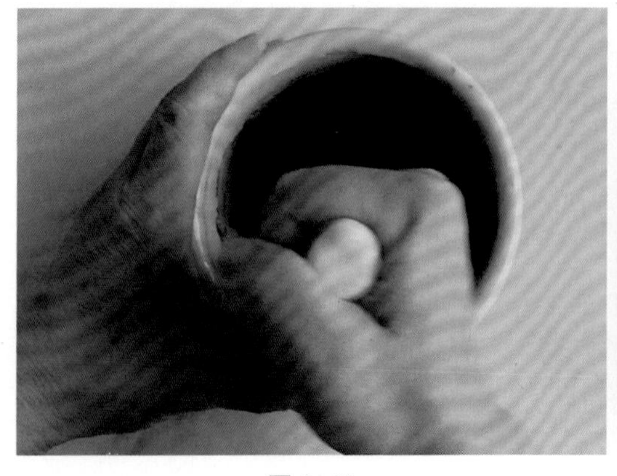

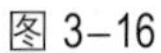

图 3-16

图 3-17

图 3-18

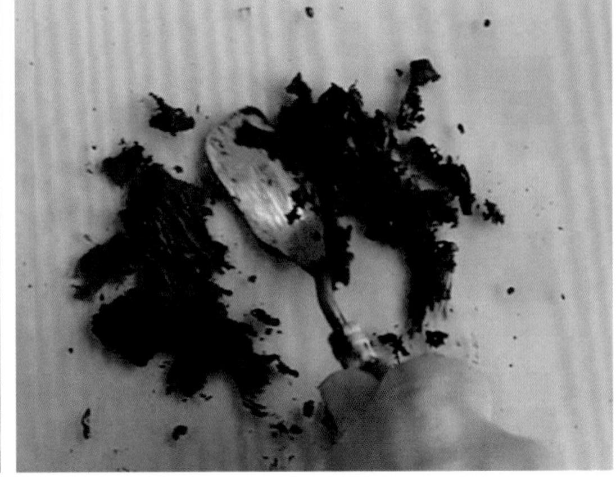

图 3-19

**注：**反复搓压后，若仍有干粉需要滴加少量乳香油。

（5）反复搓压至颗粒状。（图 3-20）

（6）将搓压成颗粒状的油料装入料碟，倒入适量的樟脑油。（图 3-21）

（7）用调色刀轻轻搅拌，以使其充分融合。放置一天左右，备用。（图 3-22）

图 3-20

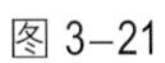

图 3-21

图 3-22

### 3. 提示

油料最好随用随调。因调好的新彩油料放久了易干结，影响操作的顺利进行。

### 4. 小结

以上两种油料调制的方法在使用时可结合实际需要调制。前者较适合在运用彩料、勾线（尤其较长的线）、油渍法（特殊技法）等技法时使用，后者较适合在运用拍色（结合海绵、料拍等使颜色过渡均匀）技法时使用。

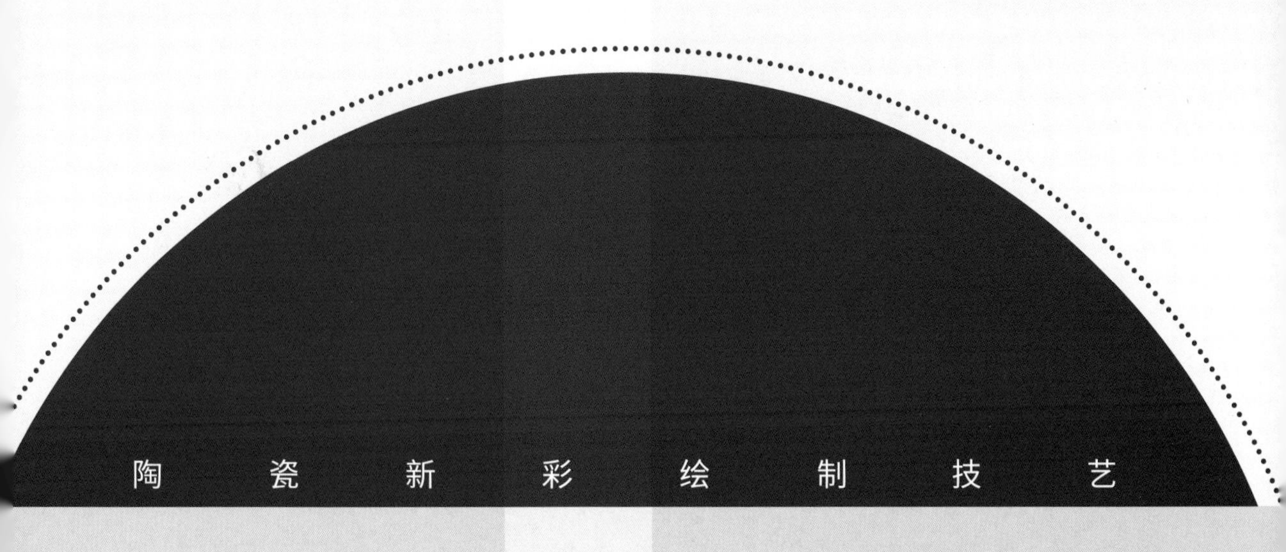

陶　瓷　新　彩　绘　制　技　艺

12345678

# 工作任务四

# 新彩常见工艺缺陷及改进方法

## 学 习 目 标

1. 了解常见工艺缺陷。

2. 知晓常见工艺缺陷产生的原因及避免缺陷的方法。

## 4.1 工艺缺陷

工艺缺陷是指新彩颜料烧烤后，因操作或烤花失误等原因所造成的颜料或画面出现的不正常的现象（如“吃色”或变色；颜色发木、无光泽；釉面脱落或瓷胎炸裂等）。

## 4.2 常见工艺缺陷及产生原因分析

### 1. 缺陷一

烧制后颜色有开裂、剥落或爆花的现象。（图 4–1、图 4–2）

主要原因：

（1）水料调配时胶的含量过多。

胶水料调制时不能加入过多的胶水，否则烧成前和烧成后水料会出现裂纹甚至脱落，影响画面效果。

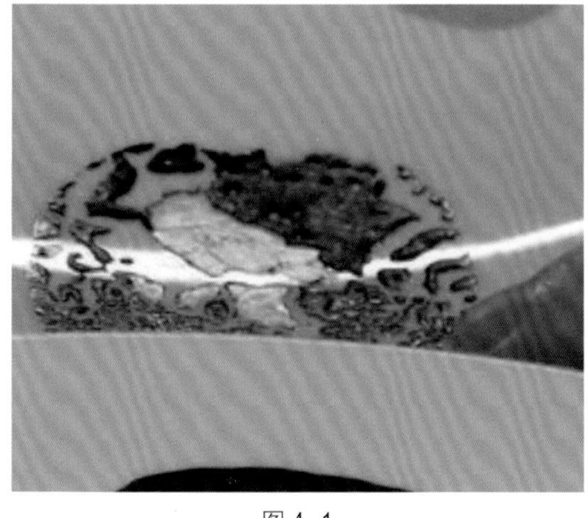

图 4–1

图 4–2

（2）绘制时颜料堆得太厚。

首先，上色过厚颜料不易干，烧成过程中流动性大，会损坏画面的效果；其次，颜料过厚在烧成后会使釉面承托力降低，导致烧后颜色有裂纹，甚至连带表层釉面一起龟裂脱落。

（3）绘制的颜料没充分晾干，就入窑烧制。

（4）烧制过程中升温或者降温过快。

### 2. 缺陷二

颜色烧成后有“吃色”或变色的现象。（图 4–3、图 4–4）

#### 主要原因：

（1）有些属正常现象，如桃红色在烧制前后会有较大的变化。

（2）有些是操作不当造成的，如烧制温度过高造成的“吃色”。

（3）还有是由色彩调配经验不足造成的。像有些新彩颜料不能互相串用或者调配，如薄黄与金红、西赤、代赭等，混用容易失色。黄色的发色能力较强，与西赤等红色混合使用会使红色削弱，烧成后呈色很可能是黄色，在实际操作中一定要注意。

因此，在不熟悉和初次使用颜料的情况下，最好先试烧一个小瓷片（景德镇的行话又叫“试照子”），以保证其颜料的稳定性，确定其颜料的厚薄深浅发色正常之后再使用，做到心中有数。

图 4–3

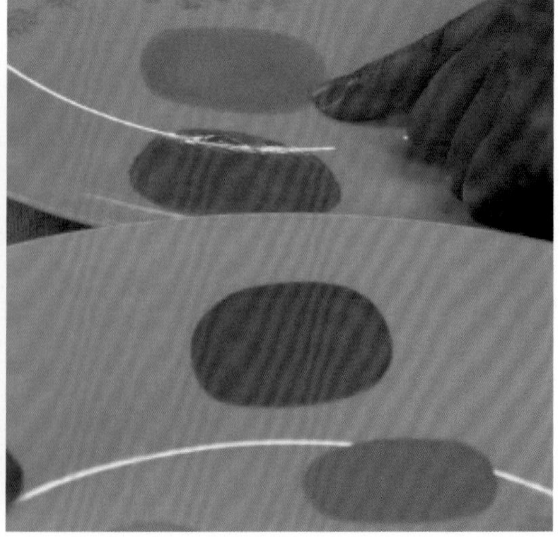

图 4–4

### 3. 缺陷三

烧制后颜色发木、无光泽。（图 4–5）

主要原因：

（1）绘制时樟脑油用得过多，使画面显得太枯、太薄。

（2）烧制温度不够，颜料中的熔剂没有充分熔融玻化。

图 4–5

（3）在烧制的预热阶段紧闭窑门致使窑内的水汽得不到充分的挥发，烧制时色料吸收了水分，从而变得发木、无光泽。

### 4. 缺陷四

烧制后作品表面有烟熏的污渍。（图 4–6）

主要原因：

（1）绘制完的作品没有充分晾干，急着入窑烧制，升温过程挥发出的油烟附着于瓷面上。

（2）在烧制的预热阶段紧闭窑门，使油烟得不到充分挥发。

图 4–6

### 5. 缺陷五

烧制后有釉面脱落或瓷胎炸裂现象。

主要原因：

（1）在烧制过程中升温过快。

（2）降温阶段窑炉门过早打开，使冷空气进入窑内。

（3）绘制的瓷器不是高温烧制过的，而是低温瓷，在烤花阶段经常会出现瓷胎炸裂的现象。

6. 色脏

瓷器烧成后，瓷面上有脏的色块或印痕等。产生色脏的原因是由于在烤花前，没有及时擦去与画面无关的色斑、痕迹等。

因此，在正式作画前，需认真检查瓷器，瓷器表面上的水汽、灰尘和油渍都会对勾线和作画带来损害。作画完成后烧成前，也需仔细检查瓷器，尤其是盘类作品的背面较容易留脏，应该及时擦去，以免形成“色脏”，影响作品的最后效果。

12345678

# 工作任务五

# 瓷上起稿方法

## 学 习 目 标

1. 了解瓷上起稿的不同方法及其特点。
2. 能结合实际情况，选择适合自己的方法。

## 基础技能

1. 间接起稿法。
2. 直接起稿法。

瓷上起稿方法分为间接起稿法和直接起稿法。

**间接起稿法**又可称为瓷上图稿转印法，是指将事先设计好的图稿转移到瓷上的方法。相当于先在瓷上起稿，然后再用新彩颜料绘制。对于初学者而言，在对新彩颜料的料性还不熟悉的情况下，由于新彩颜料在绘制过程中不宜过多地修改和擦拭，尤其在绘制相对较复杂的工笔画面时，对他们来说学习图稿转印的方法就显得尤为必要。还有，当同一画稿需要重复绘制多件相同的陶瓷时，采用图稿转印法更方便。

**直接起稿法**是指将构思用其他材质直接勾画在瓷上的方法，如用淡墨、铅笔或者淡料直接在瓷上起稿。对于新彩的料性比较熟悉的老手来说可采用直接起稿的方法。

每种方法都各有其特点，大家在新彩绘制时，可以结合自己的实际情况选择适合的方法。

# 5.1 基础技能 1 间接起稿法

## 5.1.1 方法 1：墨线过稿法

### 1. 工具与材料

透明塑料纸、生宣纸 2 张（用于拍图与吸去多余水）、喷壶、勾线笔、墨汁、料碟、

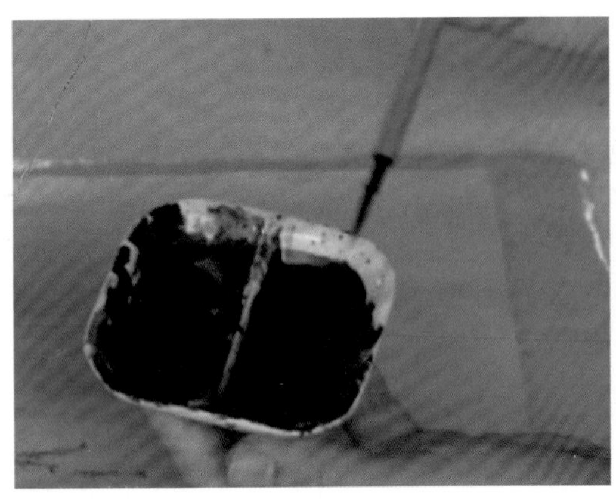

瓷板（2 块）、画稿 1 幅。

## 2. 操作步骤

（1）将透明的塑料纸覆盖在画稿上并固定。（图 5–1）

（2）用喷壶将宣纸打湿，晾至半干，备用。（图 5–2）

（3）用墨汁勾勒线条。（图 5–3）

（4）复稿。

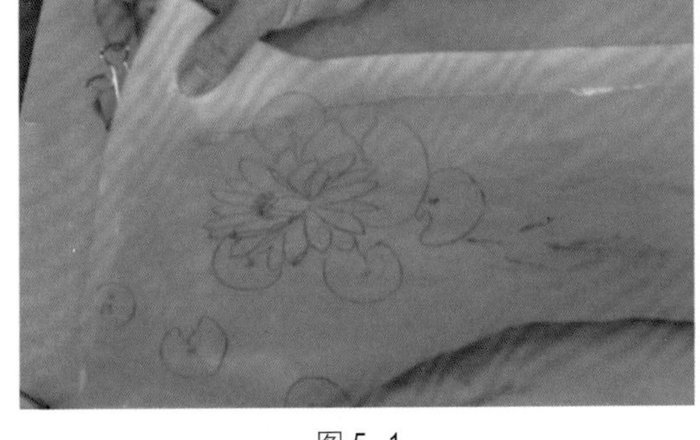

图 5–1

将已晾至半干的宣纸，覆盖在已勾好墨汁的塑料纸上，并轻轻按压墨线部位，这样画稿就被复制到宣纸上了。（图 5–4）

图 5–2

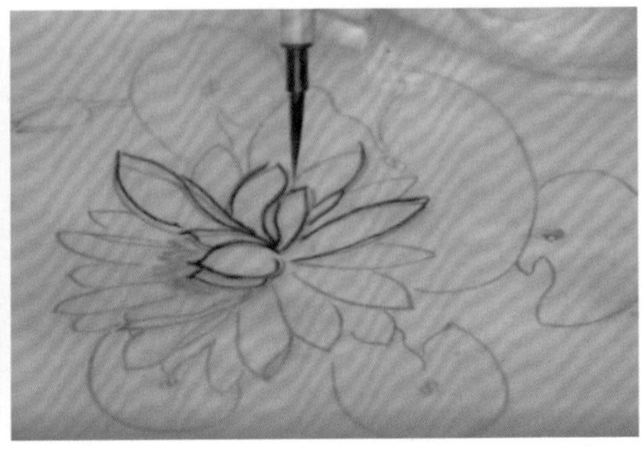

图 5–3

（5）拍图。

将已复稿的宣纸放到瓷板上，调整位置后固定、拍打。这样墨迹就可呈现在瓷板上。（图 5–5、图 5–6）

图 5–4

### 3. 墨线过稿法的特点

（1）可连续转印（3～5 次）。

（2）既可用于平面（瓷板、瓷盘等），也可用于立体（瓶、茶具等）陶瓷造型。

（3）转印后的瓷面较干净。

（4）使用工具相对较多、操作相对复杂。

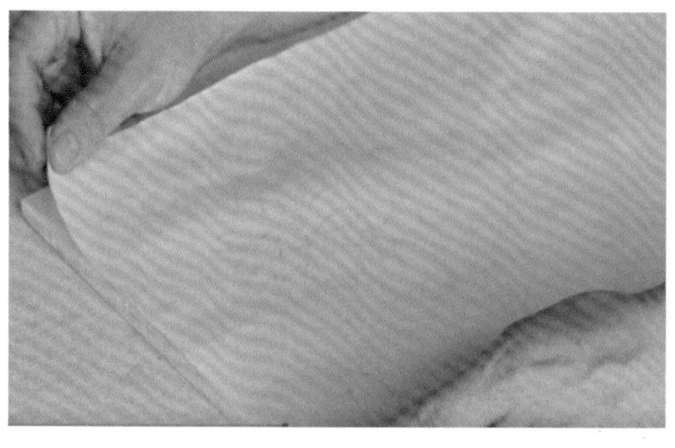

图 5–5

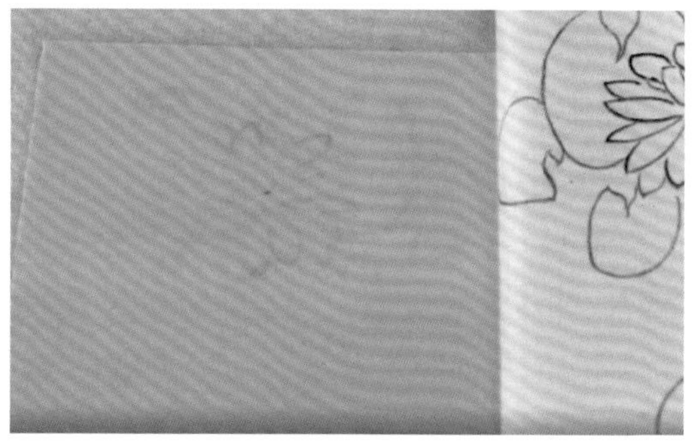

图 5–6

## 5.1.2 方法 2：铅笔转印法

### 1. 工具与材料

两支笔：软笔（1 支）：2B～4B 铅笔；

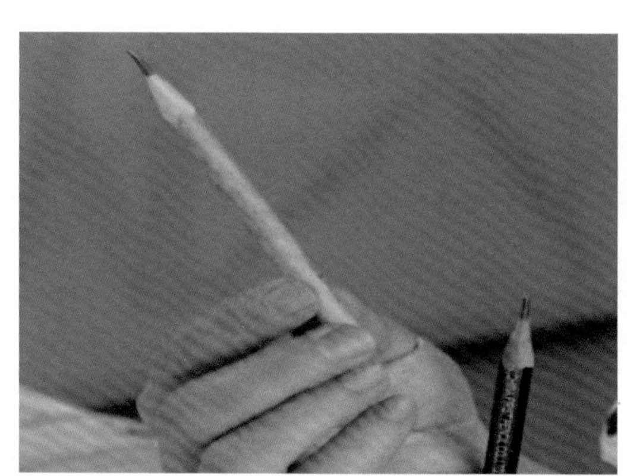

硬笔（1 支）：H、HB 铅笔（可用其他较硬些的笔代替），如圆珠笔或水笔等；图稿一幅；瓷板一块。

## 2. 操作步骤

（1）在图稿反面涂抹铅笔灰，涂好后将其固定在要绘制的瓷板上。（图 5–7）

**注**：铅笔的浓淡要适中，不可过浓，也不可过淡。

（2）将画稿正面朝上置于瓷面上，并将其固定。（图 5–8）

（3）再用较硬的笔将图稿的线条复描一遍即可。这样图稿就可以清晰地呈现在画面上。（图 5–9、图 5–10）

## 3. 铅笔转印法的特点

（1）工具、操作比较简单。

（2）一次只能转印一件，适合单件、平面（如瓷板或瓷盘等）类陶瓷造型。

（3）另外，瓷上会留下铅笔污渍，有时会导致勾勒的线条断断续续、不流畅，从而影响勾线的顺利进行。

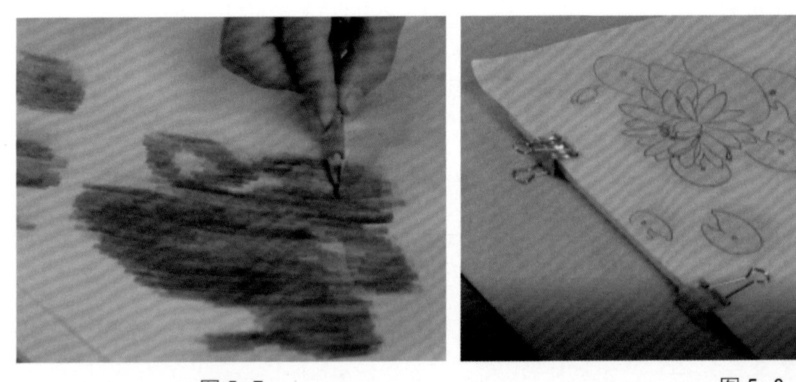

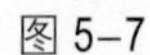

图 5–7　　图 5–8

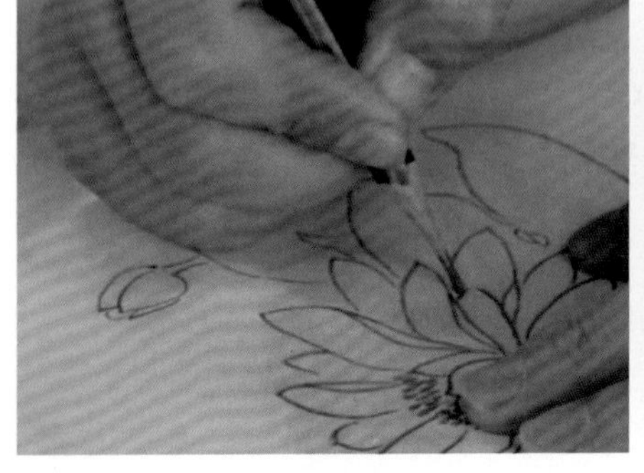

图 5–9

图 5–10

# 5.2 基础技能 2 直接起稿法

**直接起稿法**顾名思义就是将构思用其他材质直接勾画在瓷上。如可用淡墨、铅笔或者淡料直接在瓷上起稿。（图 5–11、图 5–12）

直接起稿法的特点：

（1）方便、省时、直接。

（2）不适合用于相对复杂的工笔画面。

（3）容易弄脏画面。

图 5–11 淡料起稿

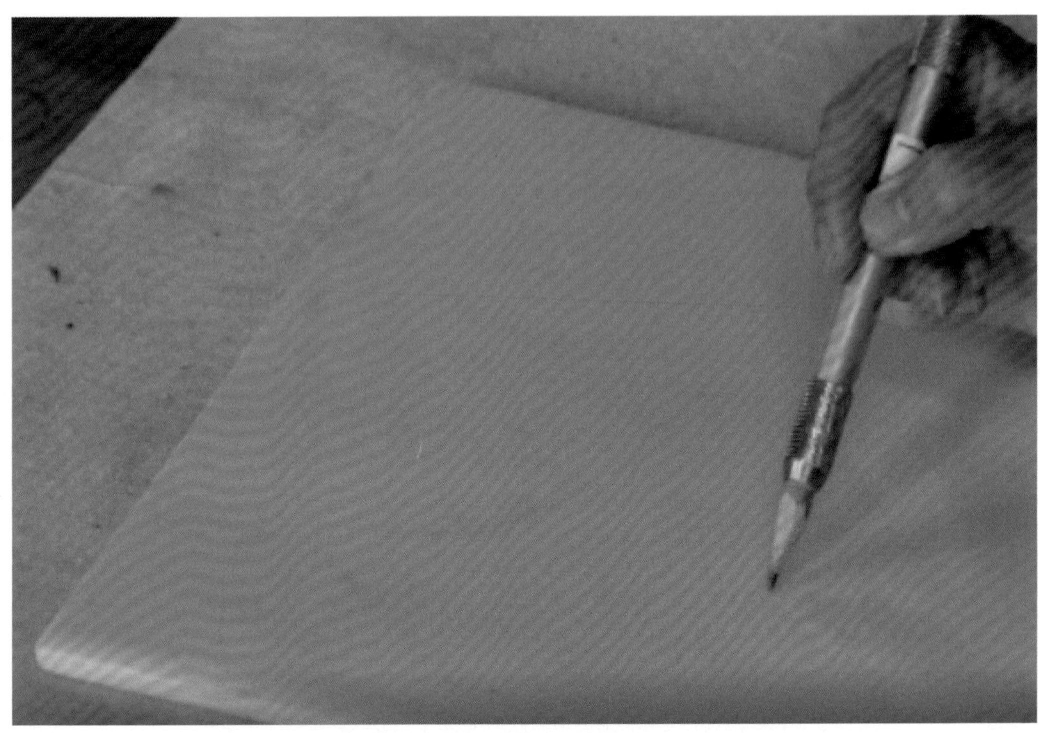

图 5-12　铅笔起稿

12345678

# 工作任务六
## 新彩绘制基本技法

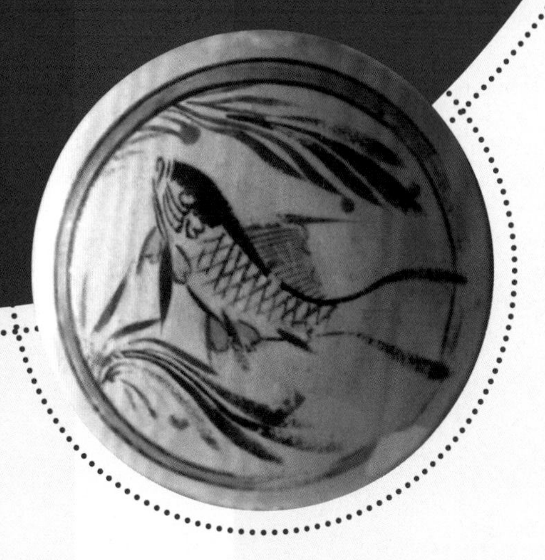

# 6.1 基础技能　打料、打笔技法

“打料、打笔”是用新彩油料勾线前的一个重要步骤。这里需要强调的是用新彩的“油料”来勾线而不用“水料”勾线。新彩的水料一般也可以用来勾线，但是它不需要打料和打笔的步骤。

**打料**是指把颜料均匀蘸到笔锋上的过程。

**打笔**是指用五指握笔的方法，将已经打好料的笔垂直于瓷面，利用手掌虚空的部位前后甩动笔杆，让笔发出“嗒嗒”的声音。目的是让笔锋上的油料自然地流淌到笔尖，使勾勒的线条更为流畅。

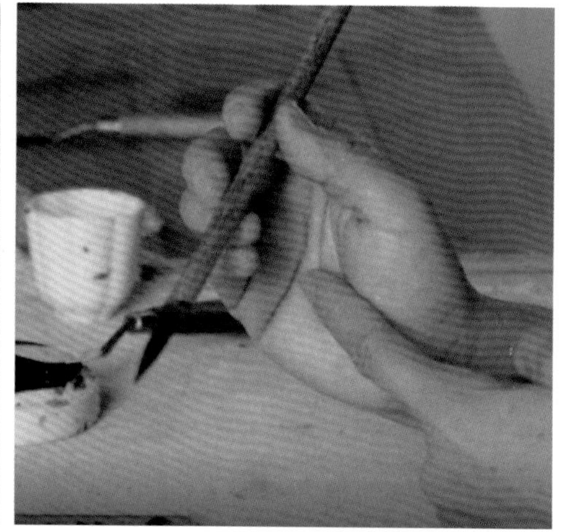

## 1. 工具与材料

料半笔、搓制好的油料、玻璃板（或料碟）、纸巾、乳香油、樟脑油。

## 2. 操作步骤

1）浸笔 。

（1）把新的料笔放在乳香油中浸蘸一下。（图 6–1）

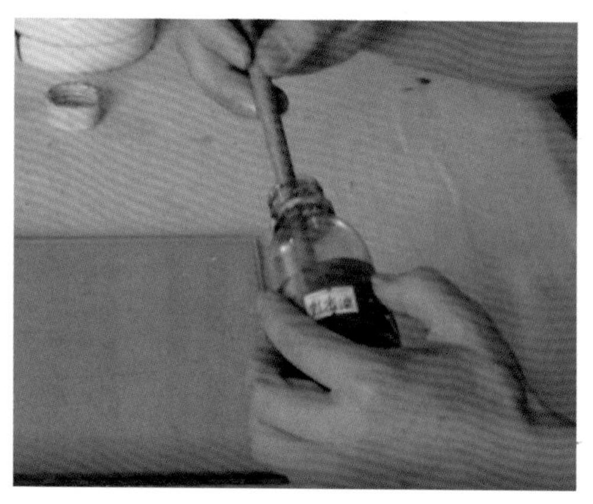

图 6–1

（2）然后将其放在干净的玻璃板上，不断旋转笔头。（图 6–2）

（3）待乳香油均匀地浸入笔毫后，收拢笔锋并用纸巾擦去笔毫上残余的乳香油，备用。（图 6–3）

2）蘸樟脑油及油性颜料。

（1）将浸好乳香油的料笔先蘸一点樟脑油。（图 6–4）

（2）然后蘸取油性颜料。（图 6–5）

3）打料。

把料笔倾斜约 45°放置于玻璃板上，利用手腕力度轻轻按压笔头，按压笔头的同时，拇指与食指逆时针转动笔杆，让颜料均匀地附着在笔锋上。初次打料时间宜稍长一些，大概 5~10 分钟，要保证笔锋蘸料饱满，不能空料。（图 6–6、图 6–7）

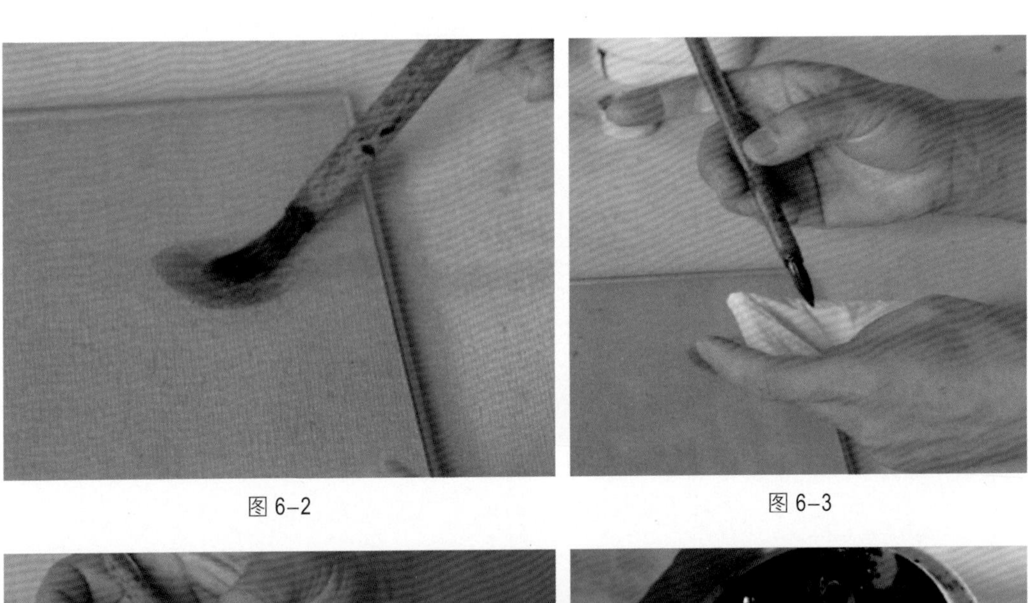

图 6–2　　图 6–3

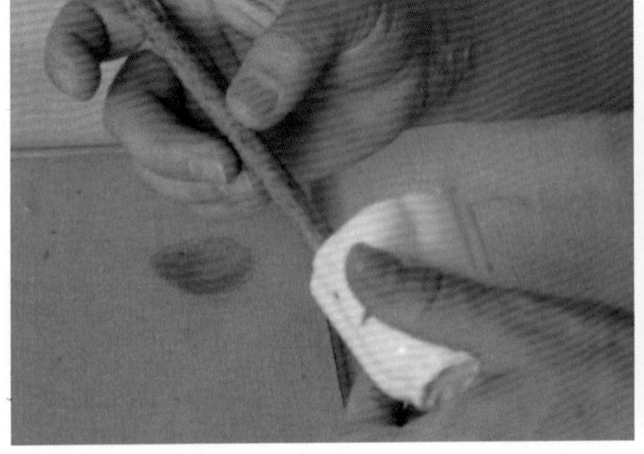

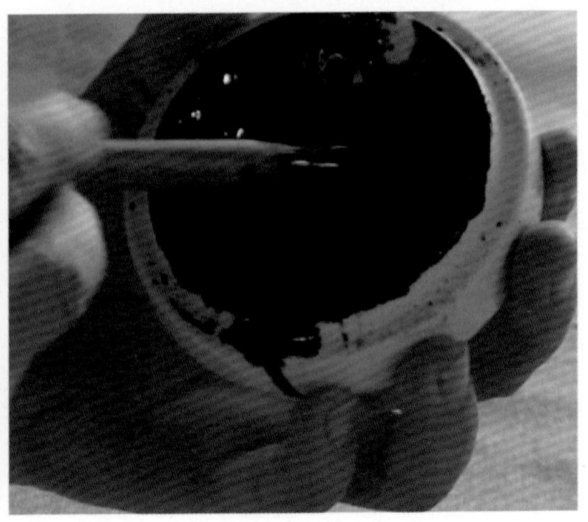

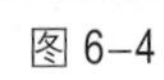

图 6–4　　图 6–5

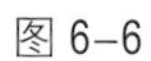
图 6-6

图 6-7

4）打笔。

（1）采用五指握笔的方法，将已经打好料的笔垂直于瓷面。(图6-8)

（2）利用手掌虚空的部位前后甩动笔杆，让笔发出“嗒嗒”的声音。（图 6-9）

（3）让笔锋上的油料自然地流淌到笔尖，使勾勒的线条更为流畅。（图 6-10）

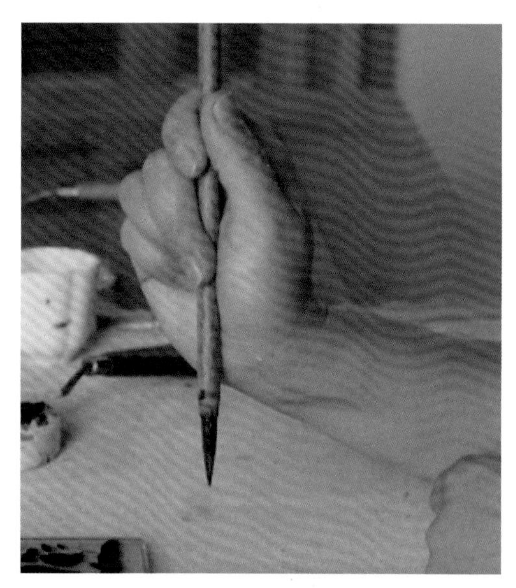

图 6-8

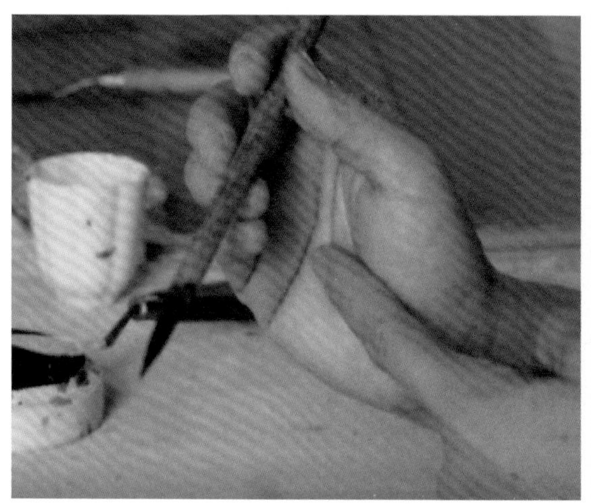

图 6-9

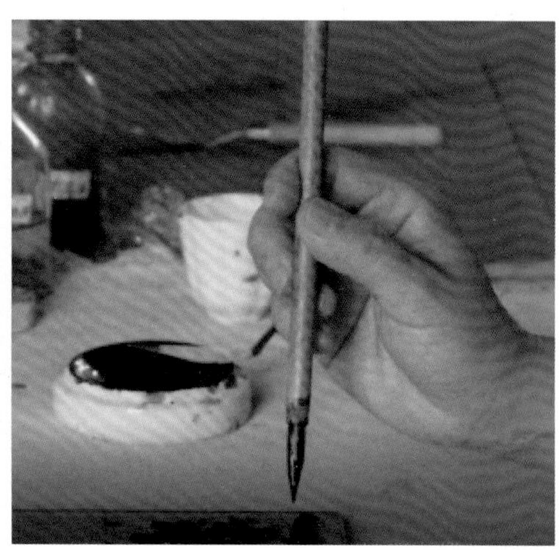

图 6-10

5）测试笔。

将经过上述步骤准备好的笔在画面空白处测试一下。

当打料打笔充分时，所勾的线条比较流畅，当打料打笔不充分时，所勾的线条不流畅。（图 6–11、图 6–12）

6）结合构思勾勒画面。

在进行充分的打料打笔后，接下来便可结合构思勾勒画面。

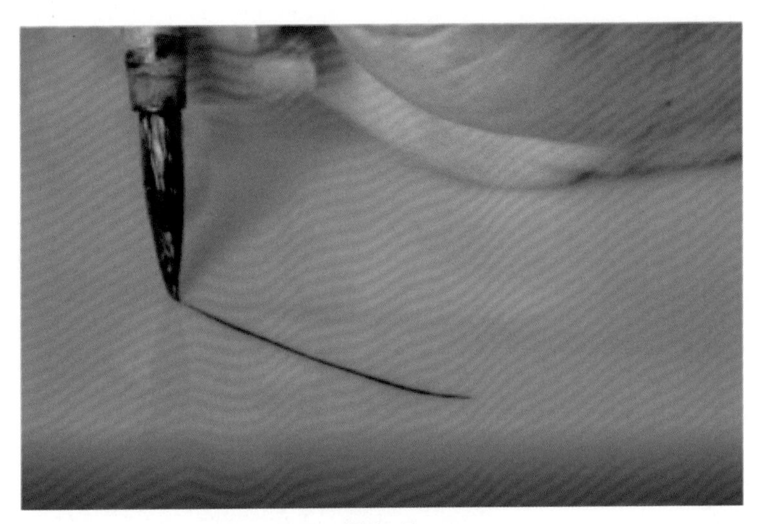

图 6–11

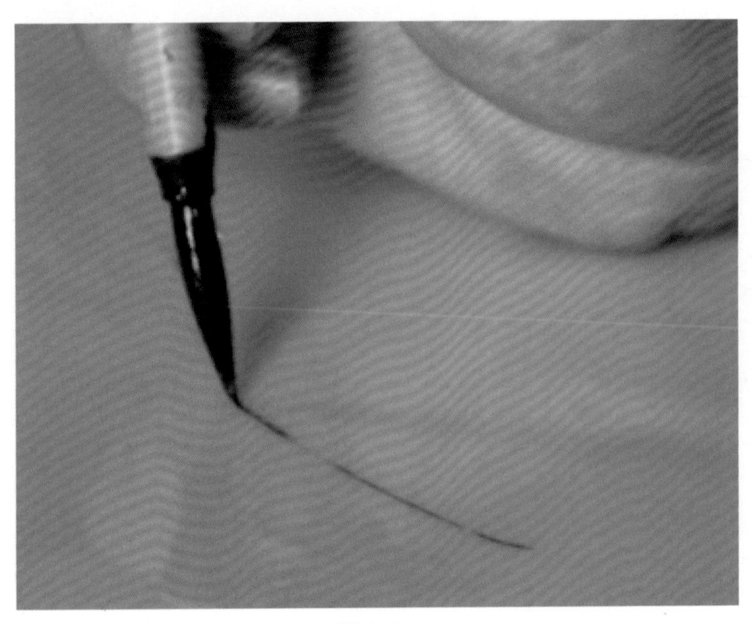

图 6–12

## 6.2 学习任务 1　勾线技法与应用

**“勾线”技法**是新彩绘制的基本技法，是指用料笔或其他勾线笔蘸取新彩颜料在瓷上用线条来勾画物像的轮廓；可采用中国画中的多种勾勒法，如工笔笔法或写意笔法。勾线时既可以用水料也可以用油料。

下面通过一个油料和水料综合应用的例子来学习新彩勾线技法

### 实例：喜降小景

## 学习目标

1. 了解勾线（油料、水料勾线）技法的操作技能要点及注意事项，能熟练掌握油料与水料勾线两种操作技法中的一种。

2. 能结合勾线表现技法，独立完成一幅画面。

### 1. 工具与材料

（1）绘制工具

油料勾线笔、水料勾线笔、铅笔、白云笔等。

（2）颜料及调色剂

油料（流淌、勾线）、水料（艳黑、西赤）、清水、樟脑油。

（3）辅助工具

海绵、棉签、纸巾、针笔等。

### 2. 操作步骤

1）清洁瓷面，去除灰尘及油渍。

可用纸巾蘸酒精直接擦拭，也可用洗洁精加清水清洗。（图 6–13）

2）起稿。

用铅笔直接起稿的方法 , 大家也可结合自己的实际情况，采用前面所学的间接起稿的方法。（图 6–14）

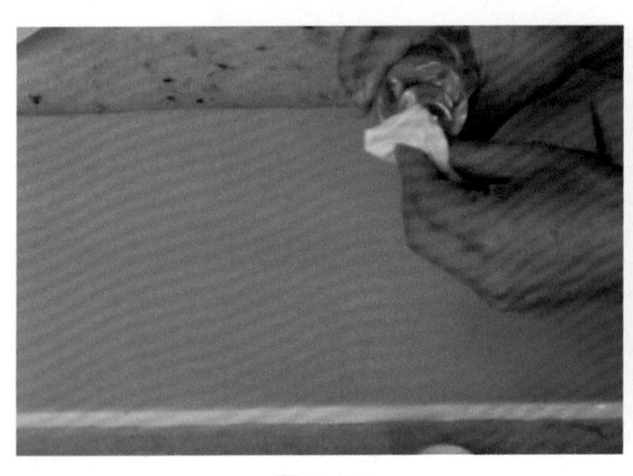

图 6–13

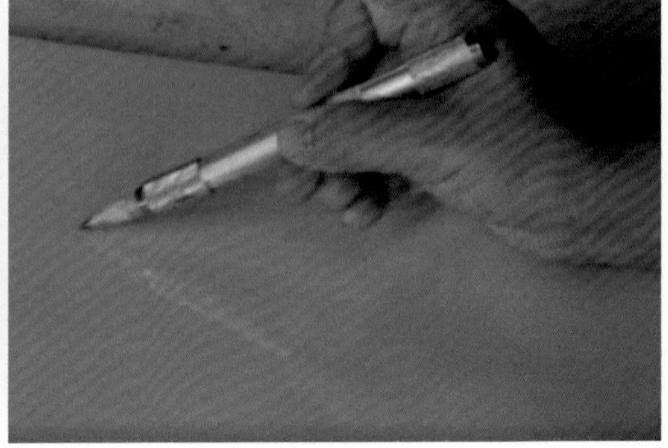

图 6–14

3）勾画蜘蛛网与蜘蛛。（图 6–15、图 6–16）

要点：

（1）执笔方法：笔杆成直立状态，笔尖垂直于画面，食指、大拇指、中指分别按上、中、下三个排列顺序，用大拇指与食指将笔管夹住，中指回钩笔杆，这样在三方力作用下，无名指和小指相依抵住笔杆的下部，也即所谓的五字执笔法——“擫、押、钩、格、抵”五种指法。执笔关键是“指实掌虚”，手心所留空间要能放进一枚鸡蛋，此外，勾短线握笔低些，勾长线握笔可高些。（图 6–17）

（2）用水料笔，蘸取适量颜料（判断是否适量，可先在画面的空白处勾试一下，适合时再勾）进行勾勒。（图 6–18）

（3）由于笔上的水料易干结，使用时，要经常用笔尖蘸清水调一下料，也可加适量的甘油以缓解胶料干结的速度；因笔上的水料易干结，因此，用水料勾线时，运笔

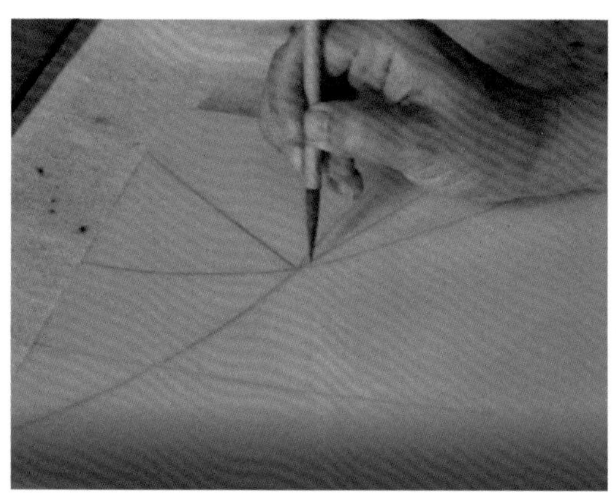

图 6–15

图 6–16

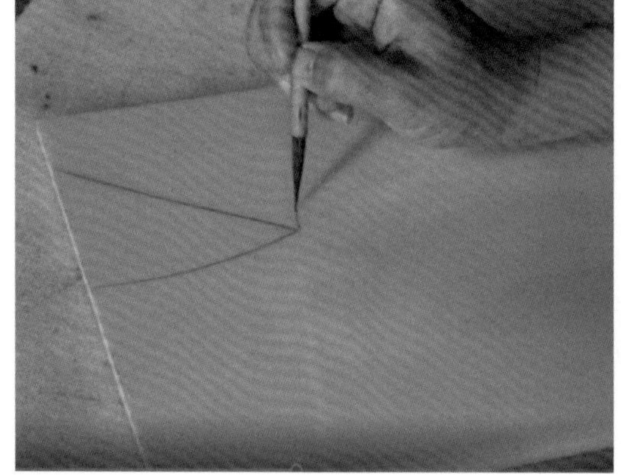

图 6–17

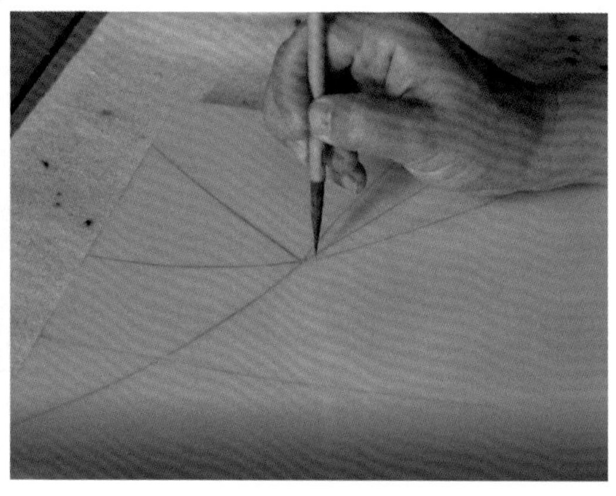

图 6–18

要果断、行笔力度要均匀，不可迟疑。（图 6–19、图 6–20）

（4）在勾画长线条时，可用（上一笔）虚出及（下一笔）虚入的办法衔接。（图 6–21、图 6–22）

（5）在勾线过程中，如有局部的败笔，可以用针笔修整一下线条。（图 6–23）

**注：** *这种方法只适合局部、少量的线条。*

4）绘制画面配景。

用流淌法，将已调好的油料（酒精、樟脑油与艳黑按一定的比例混合的液体）倒在事先构思好的位置，同时右手配合控制颜料流动的方向。（图 6–24）

5）（油料）勾画小草。

用料半笔蘸取黑色油料，勾勒小草。（图 6–25）

图 6–19

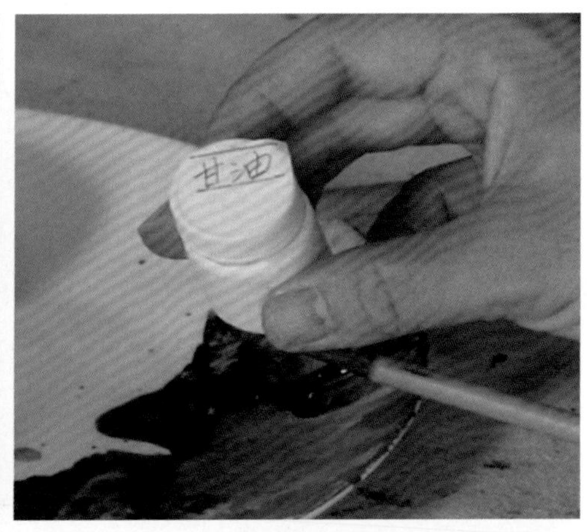


图 6–20

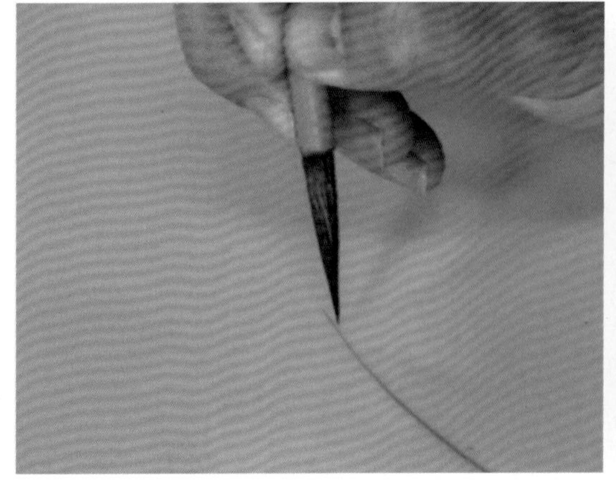

图 6–21

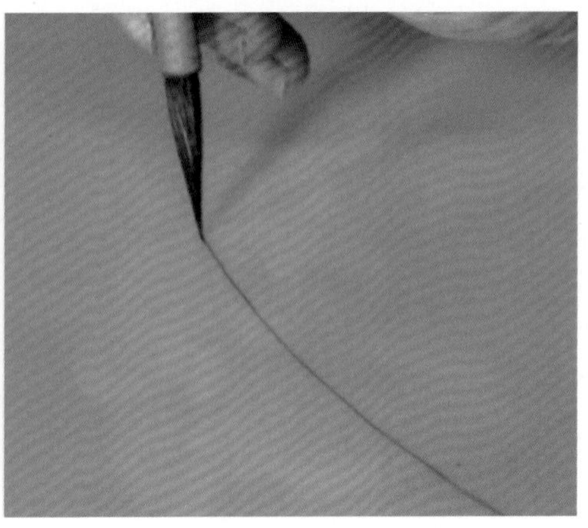

图 6–22

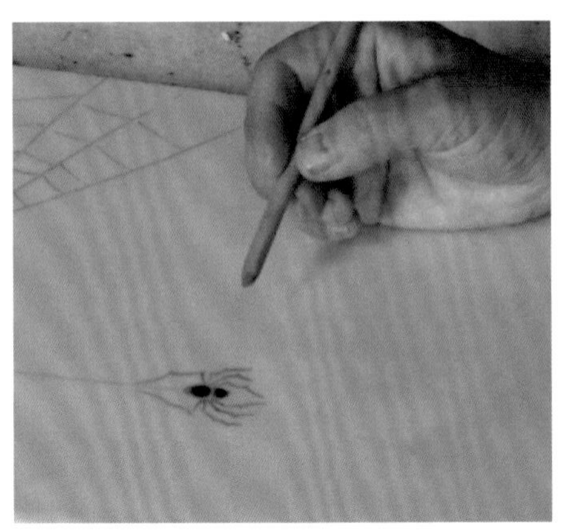

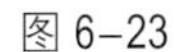
图 6-23

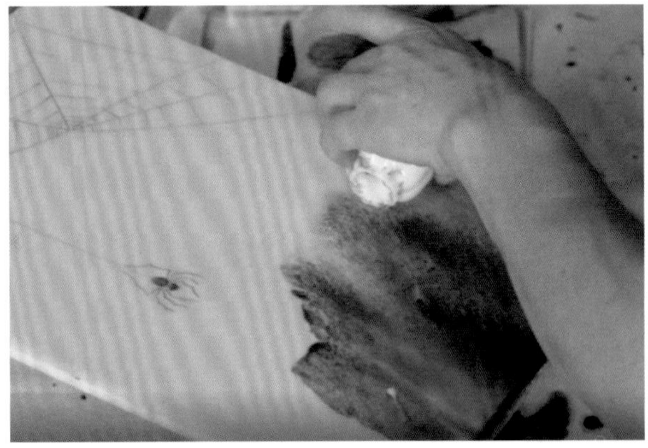

图 6-24

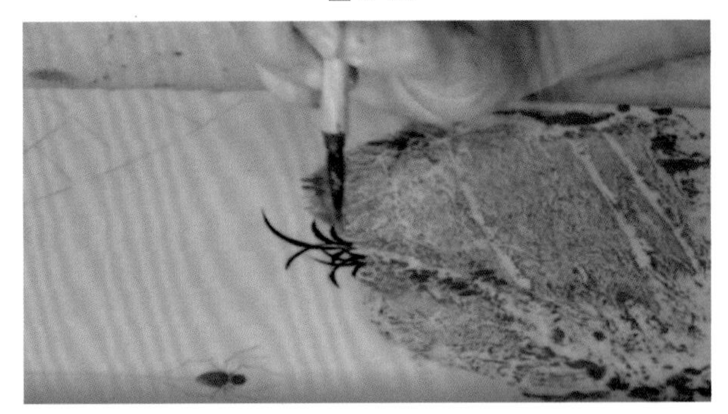

图 6-25

图 6-26

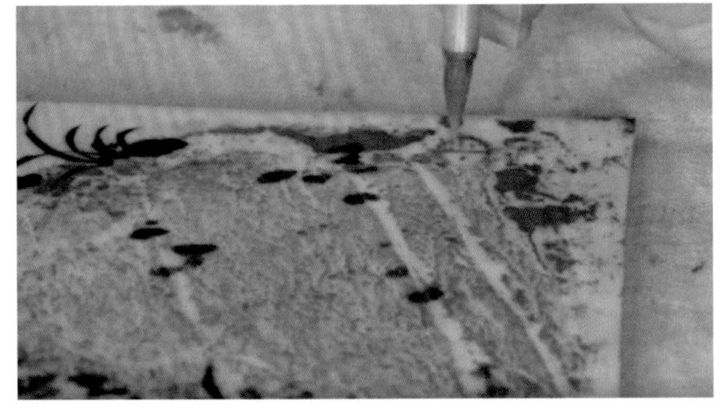

图 6-27

**注：** 用油料勾线前，要正确运用打料与打笔的方法、步骤，这将关系到勾线过程是否能顺利进行（关于打料和打笔前面已详细讲述，在此不再赘述）。还有，油性颜料中油的比例至关重要，油太多勾勒的线条会晕散开来，油太少则勾勒的线条不流畅。

6）检查画面，画印章。

用棉签擦去多余的色脏，用西赤描画印章。（图 6-26、图 6-27）

7）画作完成。

## 6.3 学习任务 2 跺拍技法

**跺拍**是指将油料颜色涂于瓷面后，用海绵（或其他跺拍工具）将颜色拍匀或拍出浓淡渐变的效果。

跺拍技法应用比较广泛，既适用于小面积的色块，如小片叶子、花头及人物的面部等，也适用于大面积的色块，如天空、背景等。

下面以画面中的花瓣为例，演示一下跺拍技法的步骤与方法。

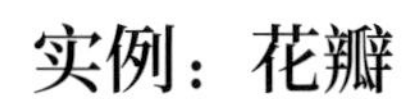


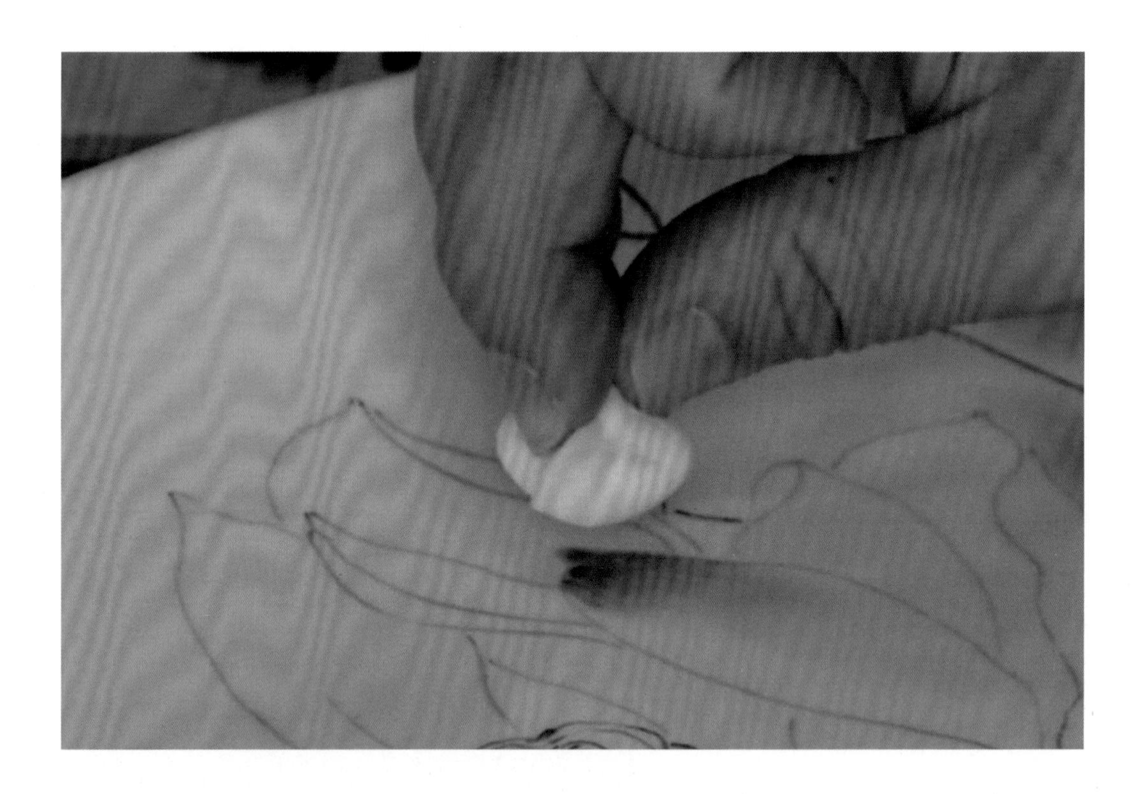

### 学习目标

1. 了解跺拍技法的作用、特点及应用范围。
2. 掌握跺拍技法的要点并熟练运用该技法。

## 1. 工具与材料

（1）绘制工具

油料勾线笔、填色笔、彩笔等。

（2）颜料及调色剂

油料（调制好的桃红）、樟脑油。

（3）辅助工具

海绵、棉签、纸巾、笃笔等。

## 2. 操作过程

1）先用填色笔蘸取适量桃红，填涂在花瓣上，可用彩笔（或其他笔）拖染一下。（图 6–28、图 6–29）

2）用海绵跺拍出浓淡渐变的效果。

（1）结合跺拍面积的大小，可选用不同的跺拍工具。（图 6–30）

（2）拍色时手法要轻而匀，并有序地跺拍。（图 6–31）

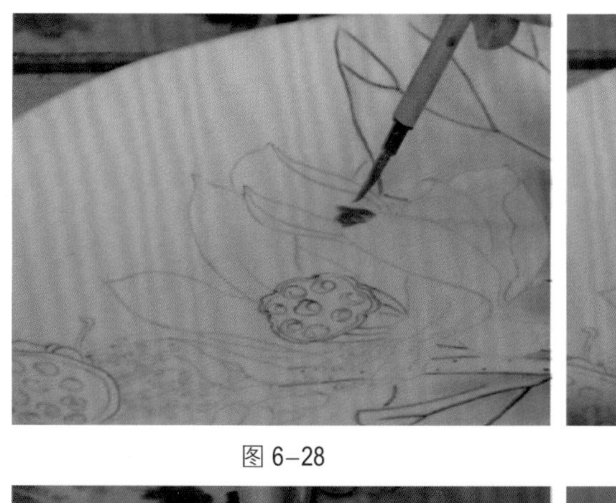

图 6–28

图 6–29

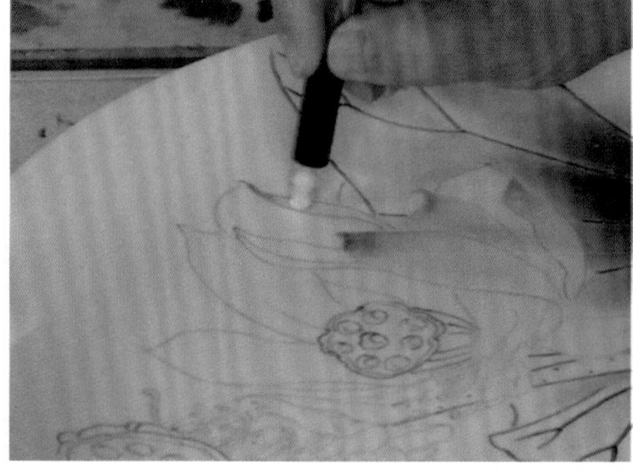

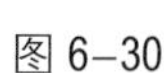

图 6–30

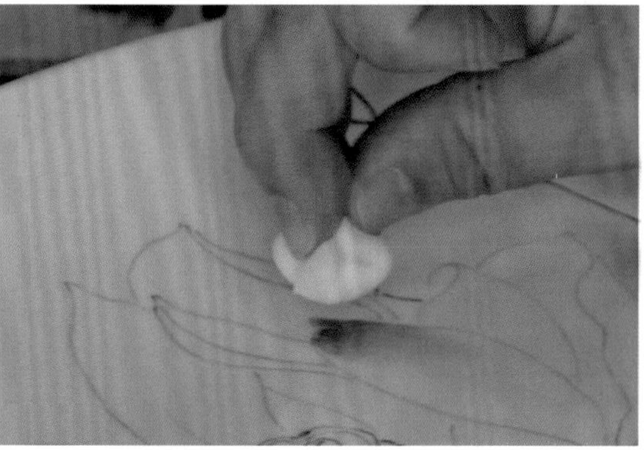

图 6–31

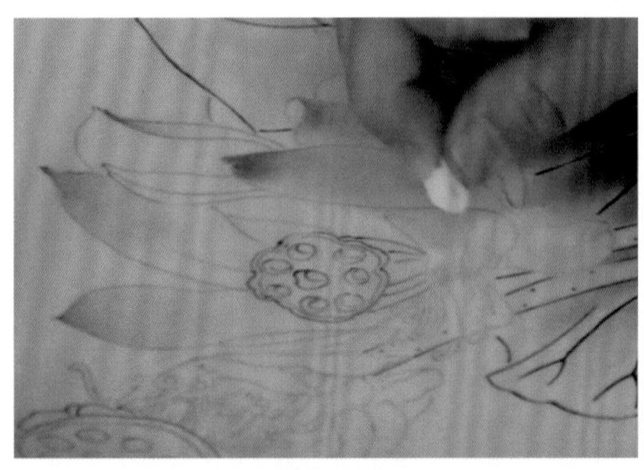

图 6-32

3）花的根部涂少量的淡绿色，同样用海绵拍出渐变效果。（图 6-32）

4）莲蓬部分填色后直接拍匀即可。（图 6-33、图 6-34）

5）同样的方法彩染出花瓣的其他部分。（图 6-35）

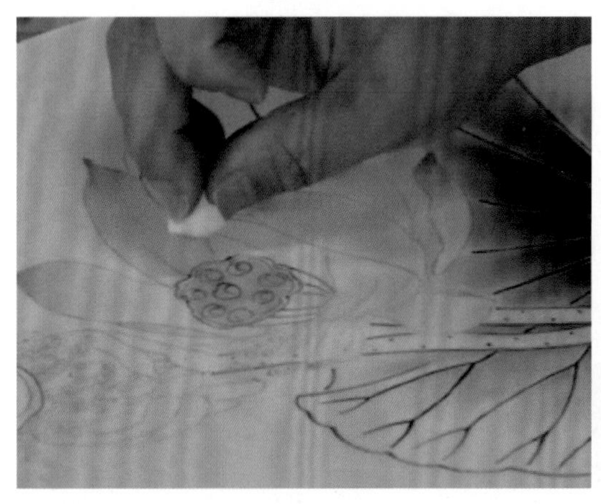

图 6-33

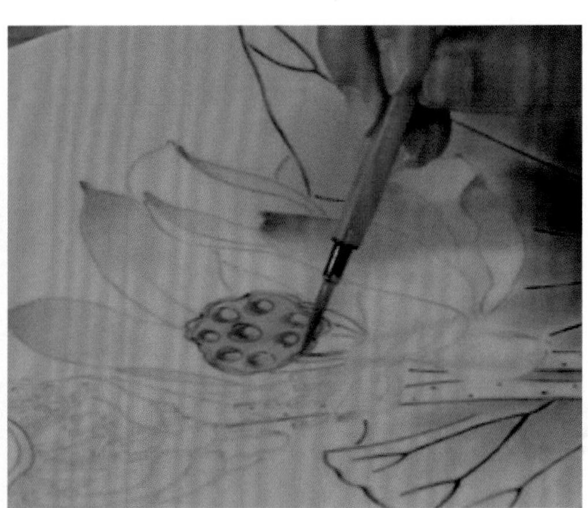

图 6-34

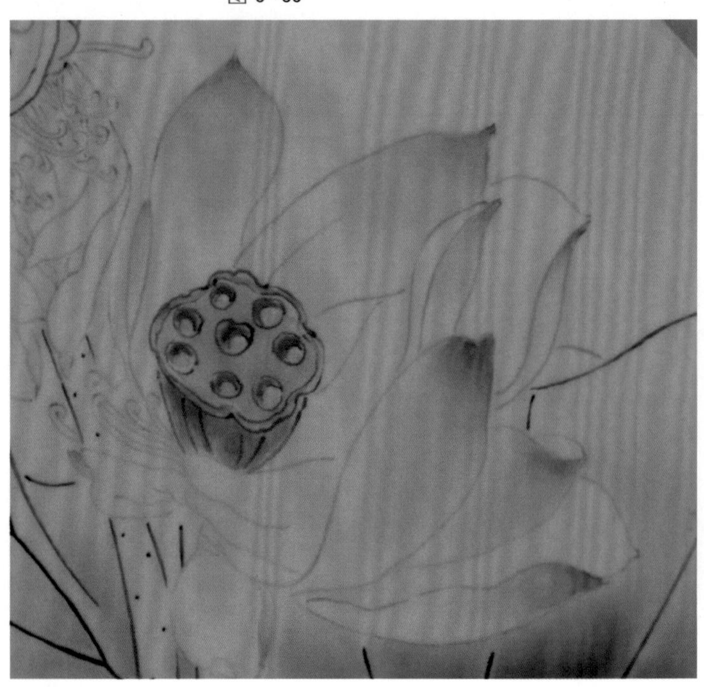

图 6-35

# 6.4 学习任务 3 彩与点技法

## 实例：鱼戏睡莲小景

**彩与点的技法**是新彩绘制的基本技法。

**“彩”**是指先用填色笔蘸取油料颜色填涂于瓷面上，然后再用干净彩笔蘸乳香油彩出该颜色浓淡渐变的效果，手法类似国画中的渲染。

**“点”**是指笔蘸色后用中锋或侧锋点厾（dū），形成的笔触点；手法类似国画中写意和没骨画法中的点厾画法。

**注：**点的绘制技法一般常用于点苔、点叶及点花蕊等，画面中点的运用，可以增加画面层次，丰富画面效果。

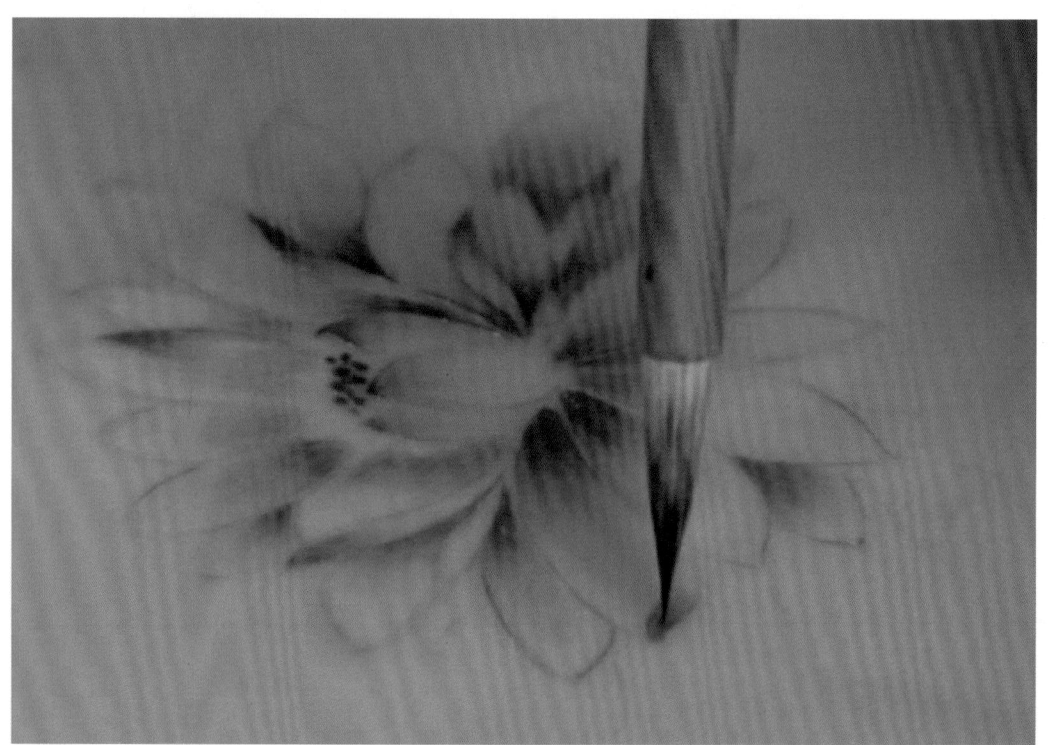

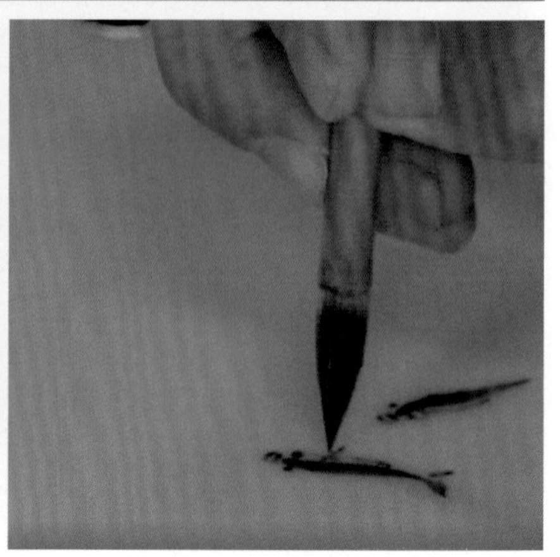

## 学 习 目 标

1. 了解彩与点技法的作用、特点及应用。

2. 掌握彩与点技法的要点并熟练运用该技法。

### 1. 工具与材料

（1）绘制工具

油料勾线笔、填色笔、彩笔等。

（2）颜料及调色剂

油料（调制好的桃红）、樟脑油。

（3）辅助工具

棉签、纸巾、笃笔等。

### 2. 操作过程

1）先用油料笔蘸取适量桃红，填涂在花瓣上。（图 6–36、图 6–37）

**注：**

（1）蘸取的油料颜色适量，过多过少都不易彩出渐变效果。

（2）如果油料颜色浓稠，可蘸少量的樟脑油进行调和。

2）接着再用干净的彩笔蘸少量乳香油进行拖染。（图 6–38、图 6–39）

图 6–36

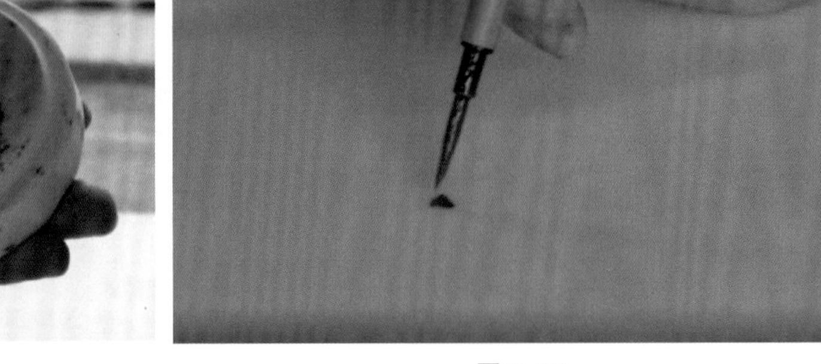

图 6–37

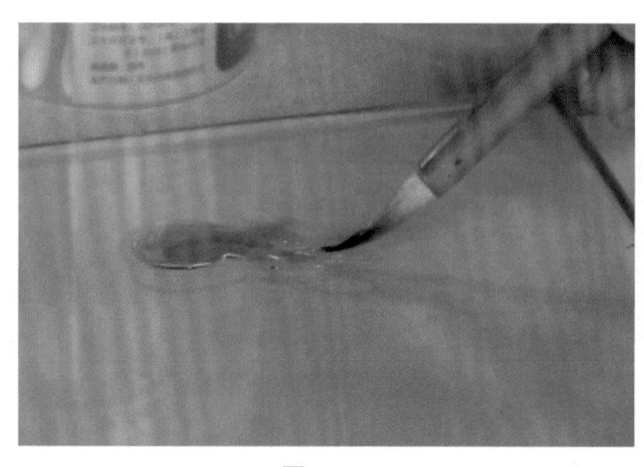

图 6–38

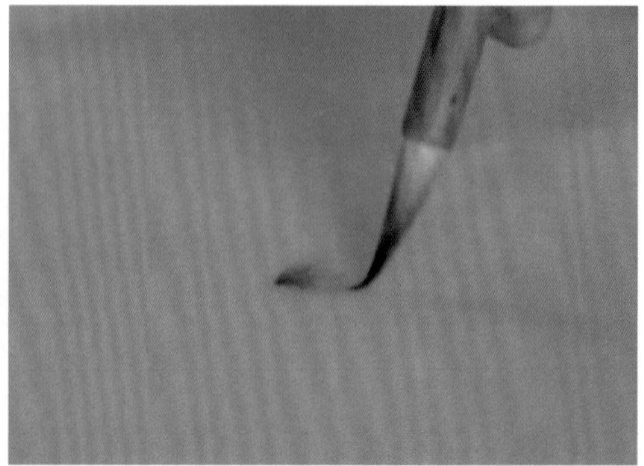

图 6–39

**注：**

（1）彩笔要干净。

（2）彩笔应蘸乳香油而非樟脑油。

（3）彩笔上的乳香油宁少勿多，尽量用颜料本身所含的油分拖染。

3）花瓣勾线。

结合画面效果，可在花瓣的边缘适当勾下线。（图 6–40）

4）彩花瓣背面。

在桃红中调入少量的海碧蓝，彩出花瓣背面的颜色。（图 6–41）

5）填涂叶子。

用海碧蓝与黑调和，填涂叶子部位。（图 6–42、图 6–43）

6）处理叶子效果。

图 6–40

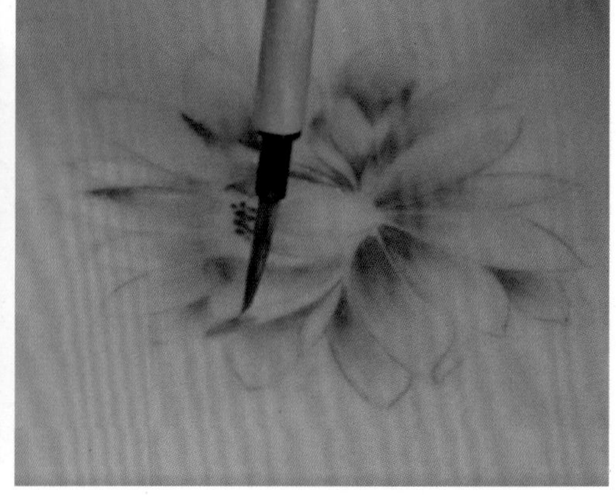

图 6–41

图 6-42

图 6-43

用笔蘸适量樟脑油，滴在叶子已涂颜色的部位，形成点状肌理，丰富画面效果。（图 6-44）

**注：** 此步骤应在所涂叶子上的颜色晾至稍干后再进行。

7）在背景处点一些浓淡及大小不同的点，以丰富画面效果。（图 6-45）

8）点花蕊。

用笔蘸取稍浓些的丝网点白花蕊。（图 6-46）

**注：** 此步骤应在底色干的情况下操作。

图 6-44

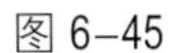

图 6-45

图 6-46

9）点画小鱼。

用笔蘸艳黑水料（也可用油料）勾画小鱼。注意安排画面中鱼的大小及疏密关系。（图6–47、图6–48）

10）检查完成画面。（图6–49）

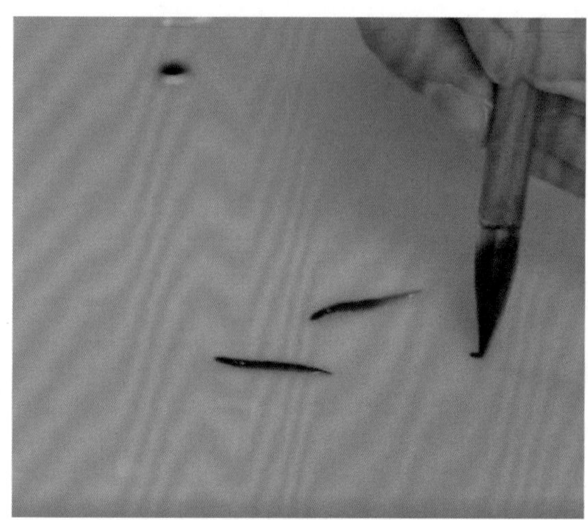

图6–47

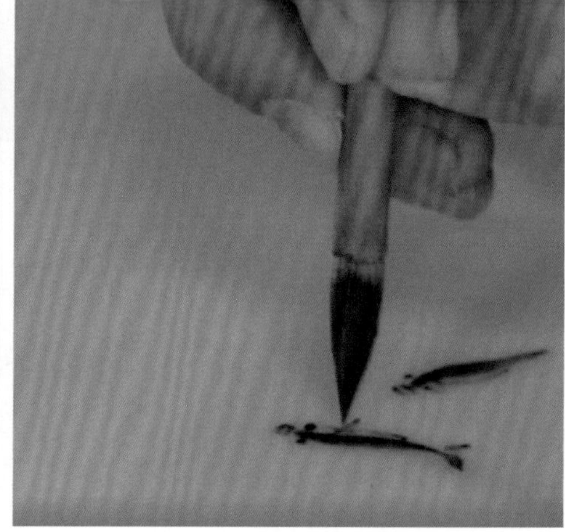

图6–48

图6–49

# 6.5 学习任务4 重色技法

## 实例：荷花花蕊

**重色**是用较薄的颜料在画面中多次叠加，从而使画面的色彩丰富而有厚重感。

从烧成情况来看，重色可分为两类：第一类为烧后重色；第二类为烧前重色。

**烧后重色**是指先把绘好的第一遍颜色入烤花炉烧成，然后再在其上叠加颜色。目的是经过烤花后使第一道颜色固结，这样就避免了再次叠色时上下层颜色相互影响而发生变化，便于操作。

烧后重色方式可分为：渐变重色和直接平涂重色。（图6–50、图6–51）

**烧前重色**是指在绘好（未经烤花）的颜色上重色。

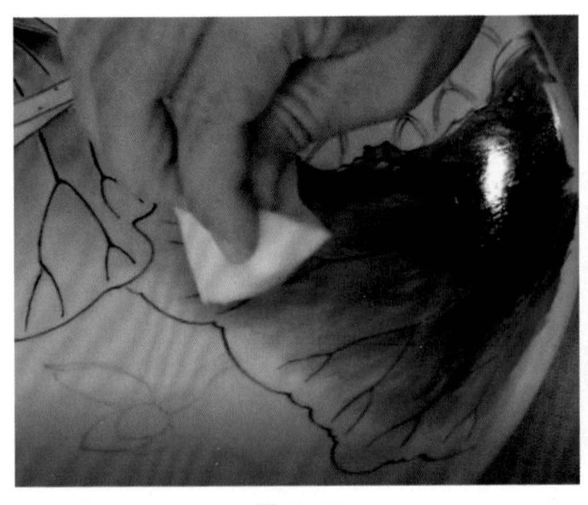
图 6–50

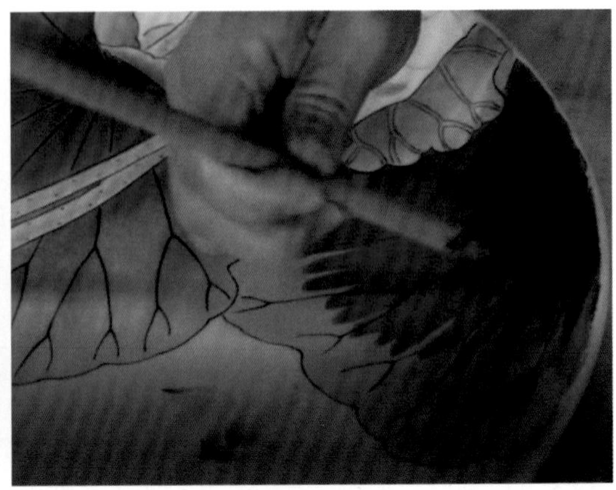
图 6–51

烧前重色情况可分为：水料上重油料（较常用）和油料上重水料。（图 6–52、图 6–53）

图 6–52

图 6–53

## 学习目标

1. 了解重色技法的种类、特点及应用。
2. 掌握重色技法的要点并熟练运用该技法。

### 1. 工具与材料

（1）绘制工具

白云笔、不同大小的填色笔等。

（2）颜料及调色剂

油料（调制好的油料）、樟脑油 、丝网白（水料）。

（3）辅助工具

已烤花过的和未烤花的半成品、海绵、纸巾等。

## 2. 操作过程

1）第一类：烧后重色

（1）渐变重色

①先用两支笔分别蘸取浓青、浓黄涂于已烤花后的叶子部位，再用海绵跺拍使其渐变自然。（图 6–54、图 6–55）

②将叶子边缘涂一点代赭石色，再用海绵跺拍均匀即可。（图 6–56、图 6–57）

（2）直接平涂重色

①先用填色笔蘸取薄浓青涂于叶子上。（图 6–58）

②再用海绵跺拍均匀。（图 6–59）

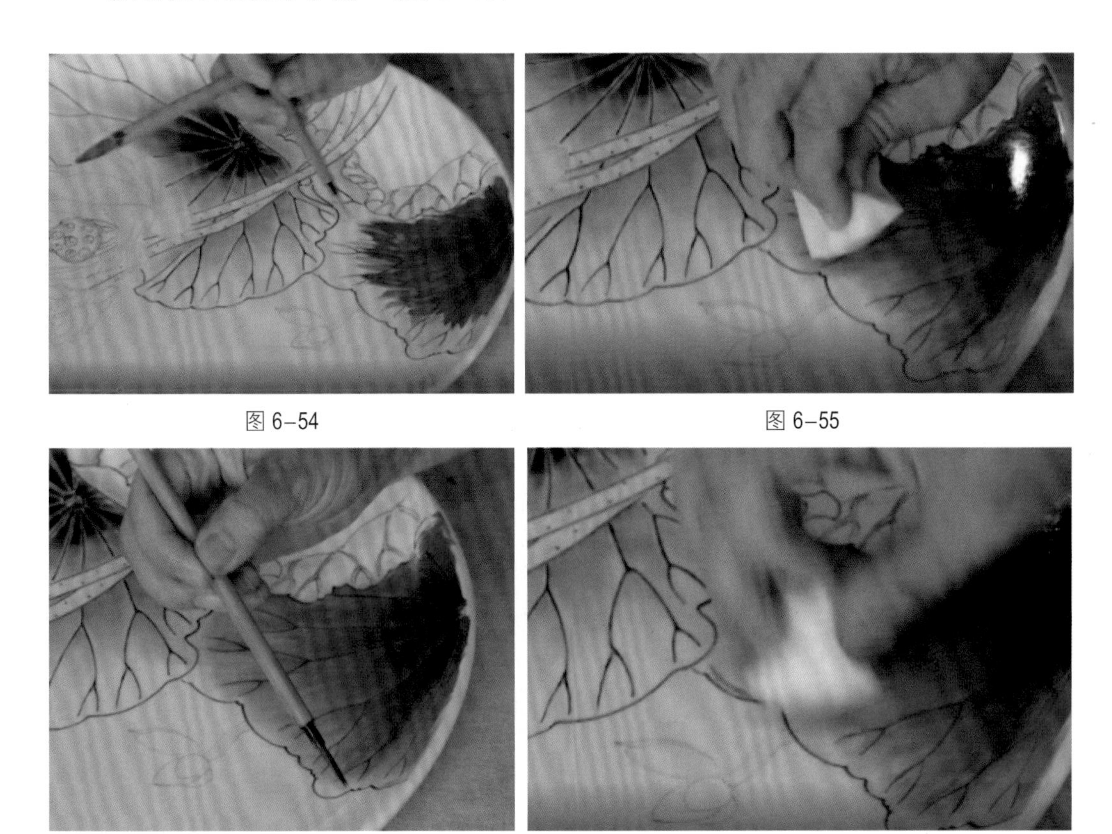

图 6–54　图 6–55

图 6–56　图 6–57

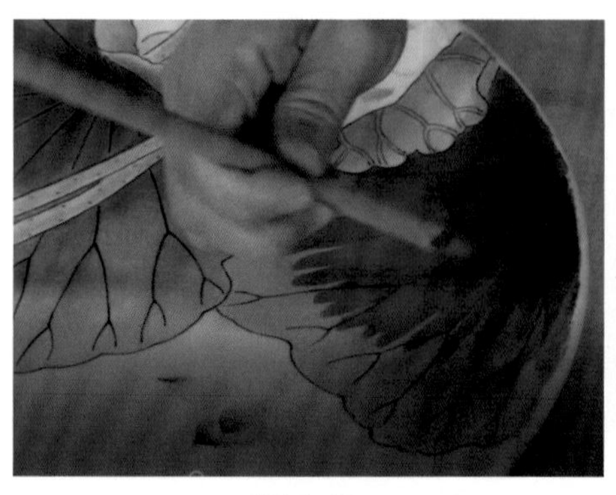

图 6-58

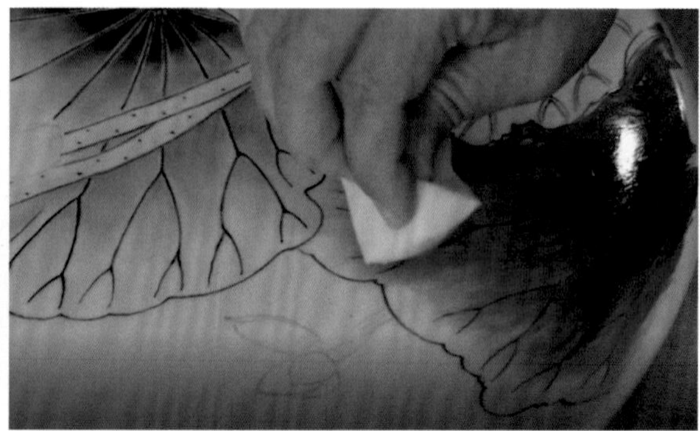

图 6-59

2）第二类：烧前重色

（1）水料上重油料

一般是指先用水料绘制的画面，待水料干后再在其上叠加上油料颜色，此法在山水画、装饰画中较常用。

操作方法：

用软毫笔蘸取蓝色油性颜料平涂或用海绵蘸颜料跺拍。（图 6-60、图 6-61）

**注：** 不要用硬毫笔刷，以免划蹭掉下面的颜色。

（2）油料上重水料

一般是指先用油料绘制的画面，待油料干后（或烤花后）再在其上叠加水料颜色。

操作方法：

可用勾线笔蘸取白色水性颜料点出花蕊或用毛笔蘸取白色水料弹洒点的方法。

图 6-60

图 6-61

**注：**这种情况要等油料干结后再重水料，常用于点花蕊与提亮画面的局部效果。（图 6–62、图 6–63）

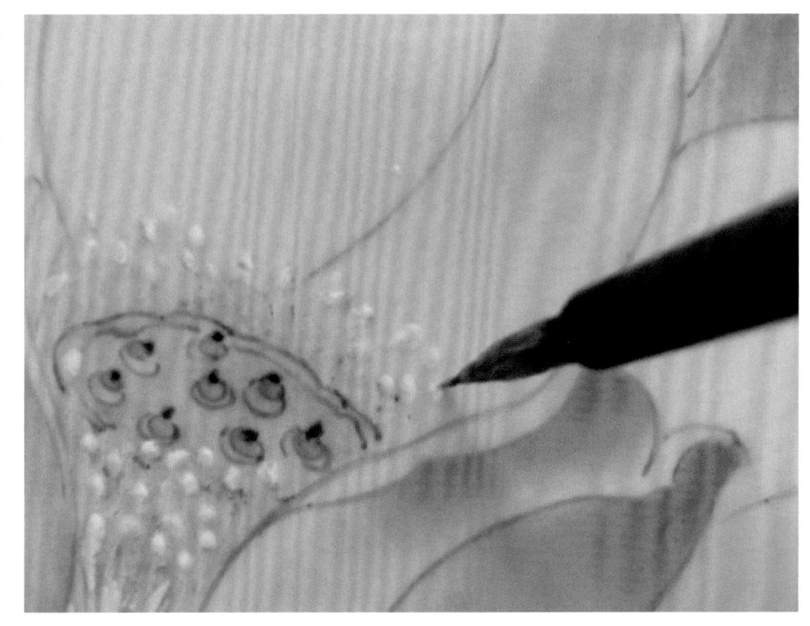

图 6–62

图 6–63

# 6.6 学习任务 5 新彩基本技法综合应用

## 实例：翠鸟夏荷

## 学习目标

1. 了解新彩基本绘制技法的应用特点、操作方法及应用范围。

2. 能结合应用 2~3 种新彩基本绘制技法，独立完成一幅新彩绘制作品。

## 1. 工具与材料

（1）绘制工具

勾线笔：用于勾勒水料线条的勾线笔，可选陶瓷新彩专用勾线笔（或国画用的兼毫、羊毫勾线笔为宜，不宜选纯狼毫或笔锋特细的笔）。

彩笔：用于渲染或彩染出颜色的深浅、浓淡变化等。

填色笔：由纯羊毫制成，与一般的书画羊毫笔相同。用于新彩的填色，也称“填笔”，可结合画面来选择羊毫笔的大小与支数，每种颜色配备一支羊毫笔，不可混用。

（2）颜料

艳黑：为深黑色颜料，用于与其他颜料混合及勾线、落款等。

西赤：为朱红色颜料，一般用于勾勒红色线条，在此画中主要用于画印章。

桃红：烧后为桃花的粉红色，故名桃红，在此画中主要用于渲染花朵部分。

草青：为深绿色颜料，在此画中主要用于绘制荷叶的浅色部分。

皮色：为蓝绿色颜料，在此画中主要用于绘制荷叶的深色部分。

代赭：为赭黄色颜料，在此画中主要用于绘制荷叶的枯黄部分。

（3）油

樟脑油：用于调制、稀释新彩颜料与制作画面肌理等，其为浅淡的黄褐色液体。

乳香油：用于调制新彩颜料，及在渲染画面时使用，其为深褐色黏稠液体。

（4）其他工具

墨汁：在瓷上起稿时使用。

海绵：主要用来跺拍新彩颜料，使颜色渐变、过渡自然，或使色块更加均匀等。

## 2. 操作步骤

1）起稿

（1）方法 1：用淡墨直接在瓷盘构图。

①清洁瓷盘。可用洗洁精清洗，或直接用纸巾蘸酒精擦拭干净。以免灰尘、色脏等掺杂到颜料中，影响烧成效果。

②准备好一支国画勾线笔（兼毫笔或衣纹笔）及一碟淡墨。用国画勾线笔蘸上淡墨在干净的瓷盘上勾勒出画面的大致轮廓。最后，将构图过程中多余的墨汁线条擦除，保持画面干净、整洁。（图 6-64）

（2）方法 2：先在纸上画稿，然后轻移到瓷盘上。

①首先，在纸上根据瓷盘的大小设计构图并绘制好画稿，在绘制好的画稿反面，

用铅笔（选 2B 以上铅笔为宜）涂抹上铅笔灰，接着将画稿用胶带固定在要绘制的干净瓷盘上。

②用较硬的笔将图稿线条复描一遍。画稿便呈现在瓷盘上。（图 6–65）

2）勾线

（1）此处所说的勾线，特指用勾线笔（料笔）蘸取新彩颜料中的艳黑来勾勒线条，可用水料勾线，也可用油料勾线。此步为艳黑水料勾线。蘸取水料时，将笔倾斜 30°左右，同时旋转笔杆，这样可使水料均匀地蘸到笔毫上。（图 6–66）

图 6–64

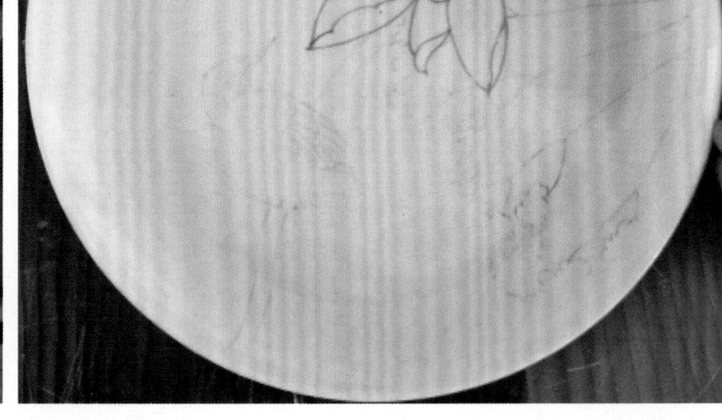

图 6–65

图 6–66

（2）运用蘸料均匀的勾线笔在勾画轮廓线时，注意中锋用笔，结合物像的结构注意起笔、行笔、收笔，做到线条流畅。为避免把已画好的画面蹭掉，此过程中可借用靠手板作画（靠手板视实际情况，也可不用）。另外，要注意料色的深浅浓淡关系，在勾勒荷叶、莲蓬、鸟喙、鸟爪时用色可深些，勾勒荷花花头及鸟背部的羽毛时颜色应浅些。（图 6–67）

图 6–67

3）渲染

因前面是用水料勾线，所以勾完线后可直接渲染。

**注：** *如果是用油料勾线，在渲染前，为了避免渲染时蹭掉线条，可将勾勒好线条的盘入窑先烤一次后再渲染。另外，在没有条件先烤一次的情况下，要保证勾勒完成的线条已完全干结后才可渲染。*

在渲染前，把新购置的填笔与彩笔分别放入樟脑油中浸泡一会儿，再用纸巾把笔上残余的油吸干净，填笔蘸上油料就可以直接填色了。注意填笔的数量应与颜料的数量一致，即每种颜料配备一支填笔，最好不要混用。彩笔主要用于渲染或彩染出颜色的浓淡、深浅变化，用后可用樟脑油清洗，因此，准备一支即可。

（1）荷花、荷叶、莲蓬、枝干渲染

渲染时，可先从荷花部分开始，用桃红渲染花瓣部分，用浓黄渲染花蕊部分（具体操作方法可参考工作任务六的学习任务 3 彩与点的技法内容。）用艳黑、竹青、草绿等油料调和渲染荷叶，在深色部分用填色笔填上颜料，可结合海绵跺拍，达到深浅过渡的效果。最后，在荷叶渲染的部位待颜色稍干时，滴洒樟脑油做出肌理效果。由于樟脑油易挥发，待数秒钟后，点樟脑油的部分就会出现晕散的肌理效果。荷叶边缘部分用艳黑（少）与赭石（多）颜料调和后渲染。枝干与莲蓬部分的渲染，其步骤与荷叶绘制方法相同。完成荷叶、枝干与莲蓬部分的渲染后，还需要检查修整画面，把渲染及樟脑油晕散时超出画面的色脏擦掉。（图 6–68）

图 6-68

（2）翠鸟渲染

用海碧与艳黑调和后渲染鸟的身体部分，鸟背部应注意渲染出体积感，嘴部用浓黄渲染。（图 6-69）

4）烤花

为了避免下一步重色时因上下层颜色相互影响而使画面发花，在完成勾线与渲染步骤后，需要先进行一次烤花。

5）重色

经过第一次烤花后，画面颜色已经固结，在重色时可大胆填色。把准备好的皮色、草青、赭石等颜料，用填色笔分别填在荷叶部分。画面的深色部分用皮色，枯叶部分填赭石，其余则平涂草青，调整之前渲染的过渡效果，用大块干净的海绵来跺拍荷叶部分的颜色，通过海绵的跺拍会使色彩更均匀、过渡更自然。使用海绵跺拍时要控制好手腕的力度，轻轻跺拍即可，不要力度过大，不然彩染好的颜色容易被拍花。（图 6-70）

图 6-69

图 6–70

这一步骤要注意整个荷叶色彩的调整，色调分布不能过于均匀。枝干部分填上皮色与草青，并用彩笔（或自制的海绵笃笔）渲染。

6）勾画鸟背部羽毛

用勾线笔蘸淡艳黑色丝翠鸟背部羽毛，继续完成鸟及荷花的刻画。（图 6–71、图 6–72）

图 6–71

图 6–72

7）落款

完成所有的彩色与重色步骤后，检查整幅画面是否干净，把多余的色脏用干净的棉签擦除。最后，在画面中选择合适的位置用艳黑题字并用西赤描画印章。（图 6–73）

8）烧成

把完成的作品再次放入烤花炉烧制，烧成的画面与之前相较，色相变化不大，色彩更为明亮。（图 6–74）

图 6–73

图 6–74

12345678

# 工作任务七

## 新彩绘制特殊技法

# 7.1 基础技能 1 扒刮技法

**扒刮技法**是用针笔或竹笔在新彩色块上进行扒、刮，去掉画面上不需要的颜色后，露出瓷胎，形成图案或痕迹的技法。一般可分为在油料底色上扒刮和在水料底色上扒刮两种不同的表现方式。（图 7–1、图 7–2）

扒刮技法一般用于画面绘制时辅助处理细节，以丰富画面效果、增加物体的质感；常与其他技法结合使用，如跺拍、彩、重色等。

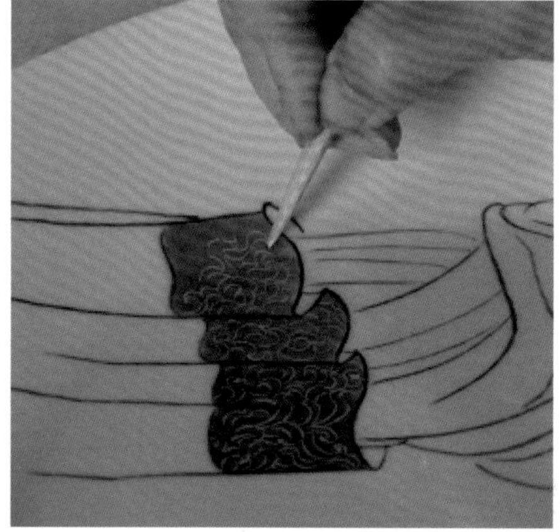

图 7–1 油料底色上扒刮

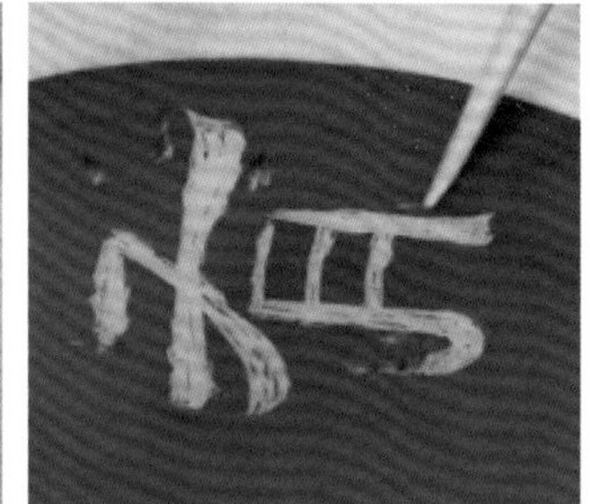

图 7–2 水料底色上扒刮

## 学 习 目 标

1. 了解油料上扒刮及水料上扒刮的不同表现方式、特点及应用范围。
2. 能知晓扒刮技法的操作要点并独自完成其操作。

## 工具与材料

（1）绘制工具

油料笔、填色笔、（不同型号）扒笔与针笔、海绵、纸巾等。

（2）颜料及调色剂

油料（调制好的）、水料（调制好的）。

### 7.1.1 表现方式 1：油料底色上扒刮

**油料底色上扒刮**一般用于画面绘制时辅助处理细节，以丰富画面效果、增加物体的质感。如在渲染叶子后刮出叶筋或在衣服局部渲染后刮出图案等。

#### 1. 操作过程

图 7–3

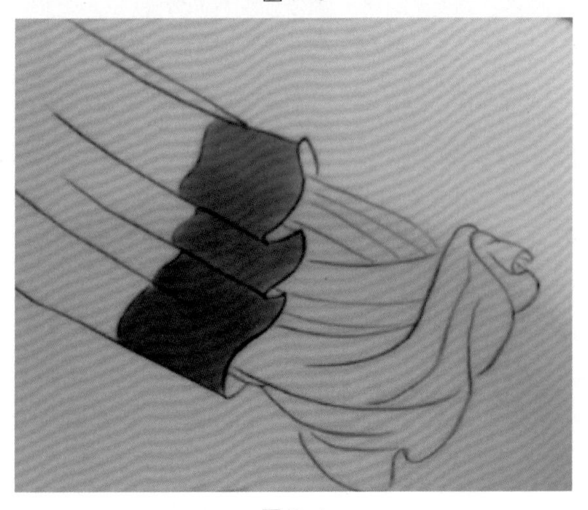

图 7–4

（1）先将底色涂好，结合海绵跺拍均匀（渐变），晾至半干，如已渲染叶子(局部)和已渲染衣服(局部）。（图 7–3、图 7–4）

（2）选择大小及粗细适合的针笔，在半干的底色上扒刮出筋脉或纹理，这样扒刮后的痕迹会显得非常自然柔和。（图 7–5、图 7–6）

#### 2. 提示

（1）油料底色上扒刮是在油料色块半干的状态下操作的，注意把握油料色块的干湿度，太干会刮不出来，太湿刮出的线条会慢慢糊掉。

（2）操作前，对扒刮的图形要胸有成竹。另外，操作时手要稳，下笔要果断，不可迟疑，这样才能处理出自然流畅的图形。

图 7–5　在渲染后的叶子（局部）上扒刮

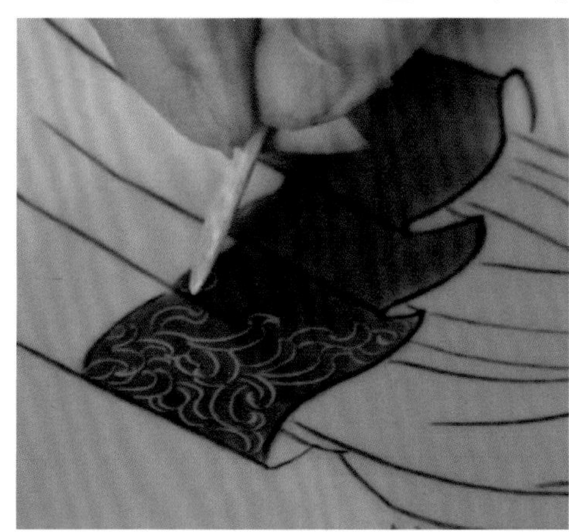
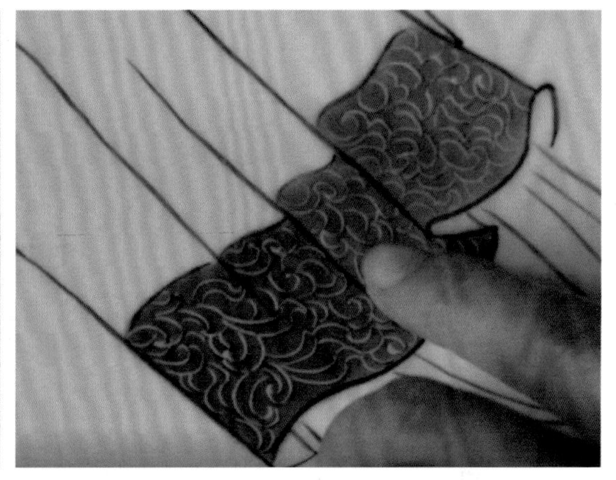

图 7–6　在渲染后的衣服（局部）上扒刮

（3）将已扒刮好的肌理晾干或烤花后，即可进行下一步操作，如跺拍、重色等。

### 7.1.2　表现方式 2：水料底色上扒刮

**水料底色上扒刮**是指在干透的水料色块上，用扒笔进行扒刮，刮出图形。它既可用于画面绘制时辅助处理细节，也可以单独运用完成整幅画面；既可以进行流畅的线条处理，也可进行虚实变化的块面处理；可以表现规整的感觉，也可以表现斑驳的效果。

#### 1. 操作过程

（1）将调制好的水料均匀地涂在干净的瓷器上，晾干备用。（图 7–7、图 7–8）

（2）选择大小及粗细适合的针笔或宽度适合的扒笔，分别做出线条、虚实变化的块面及规整的图案与斑驳的肌理。（图 7–9 ～图 7–12）

图 7–7

图 7–8

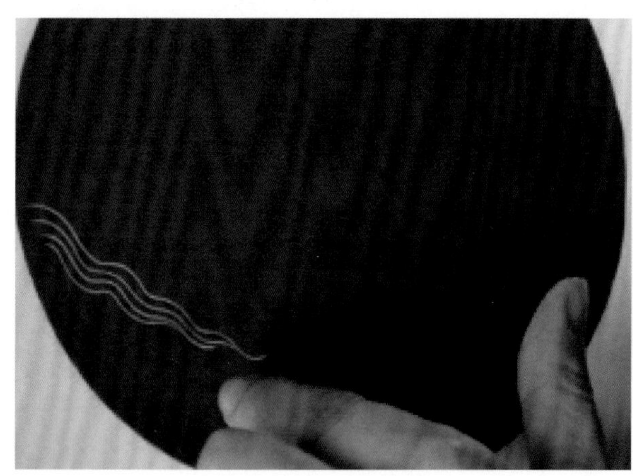

图 7–9　扒刮线条

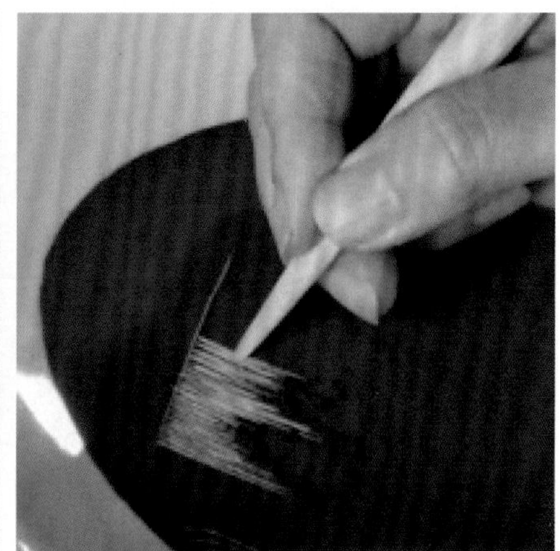

图 7–10　扒刮块面

图 7–11　扒刮规整的图案

图 7–12　扒刮斑驳的肌理

## 2. 提示

（1）在新彩水料底色上扒刮时，因调制好的水料易沉淀，新彩水料须随调随用，在使用前应先将其搅拌均匀再用。

（2）新彩水料底色上扒刮，是在水料色块全干的状态下操作的。

（3）与在新彩油料底色上扒刮操作一样，扒刮前对扒刮的图形要胸有成竹。另外，操作时手要稳，下笔要果断，不可迟疑，这样才能处理出自然流畅的图形。

（4）在已扒刮好的肌理上，结合油料直接进行下一步操作，如跺拍、重色等。

# 7.2　基础技能 2　油渍技法

**油渍技法**是新彩绘制的特殊技法，它在新彩技法里俗称“炸”，也就是说，让颜料在画面中炸开，营造斑驳的肌理效果，因此，此方法只适用于油性颜料。

一般有三种油渍效果：滴，笔触痕迹，喷洒、弹洒。（图 7–13 ～图 7–15）

油渍技法中调色剂一般用樟脑油，另外，也可以尝试用其他的调色剂（如酒精、煤油），效果会有所不同。（图 7–16）

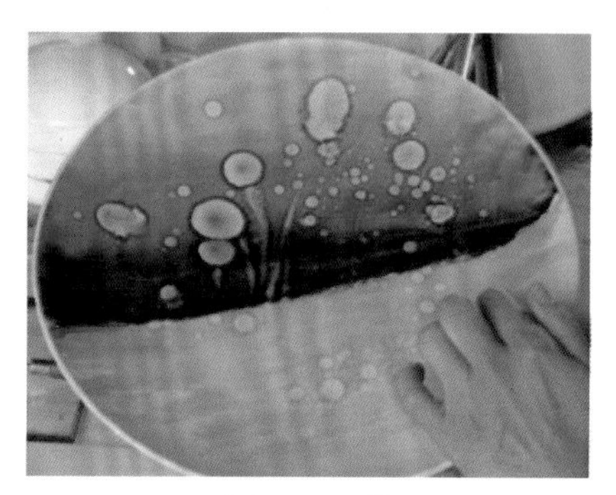

图 7–13　滴

图 7–14　笔触痕迹

图 7–15　喷洒、弹洒

图 7–16　酒精油渍效果

## 学习目标

1. 了解油渍技法的不同效果及操作要点。
2. 知晓油渍技法的要点并独自完成操作。

### 工具与材料

（1）绘制工具

油料笔、填色笔、大号排笔、小号排笔、勾线笔等。

（2）颜料及调色剂

天青、黑色、海碧蓝等油料（调制好的油料）、樟脑油 、酒精。

（3）辅助工具

海绵、纸巾等。

## 7.2.1 效果 1：滴

### 1. 操作过程

（1）先涂底色（注意深浅变化，便于对比深浅不同底色上的油渍变化效果），待其稍干。（图 7–17）

**注：** 因油渍法是在底色油料稍干的情况下才进行下一步操作的，所用的油料浓度可相对浓一些，这样可相应缩短所涂油料的干燥时间，方便下一步操作。如果油料较湿，可用吹风机吹一下，以加快其干燥的速度。

图 7–17

（2）用笔蘸樟脑油，分别滴在深色（厚）与浅色（薄）背景上的油渍效果如图 7–18 和图 7–19 所示。（直接用樟

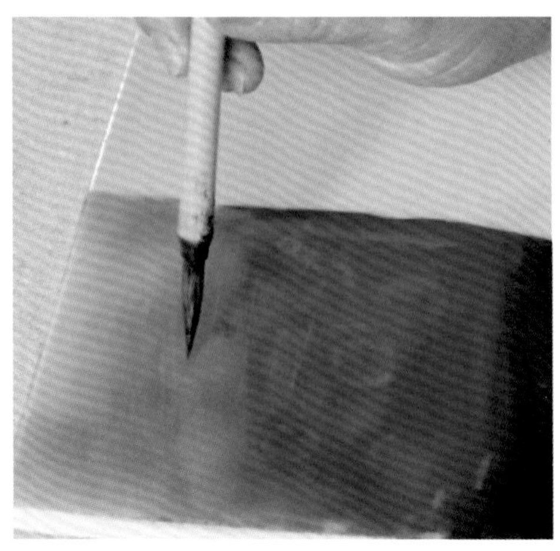

图 7–18

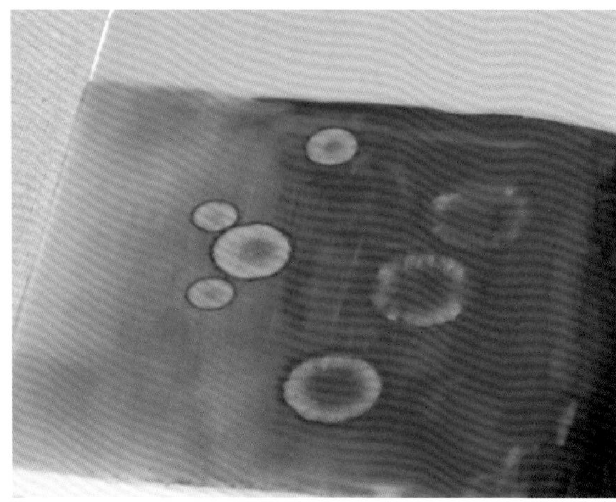

图 7–19

脑油的油渍效果）

（3）用笔蘸调和有少量黄色颜料的樟脑油，分别滴在底色上的油渍效果如图 7–20 和图 7–21 所示。（混合有颜色的樟脑油的油渍效果）

## 2. 提示

笔上樟脑油少则肌理小，樟脑油多则肌理大。

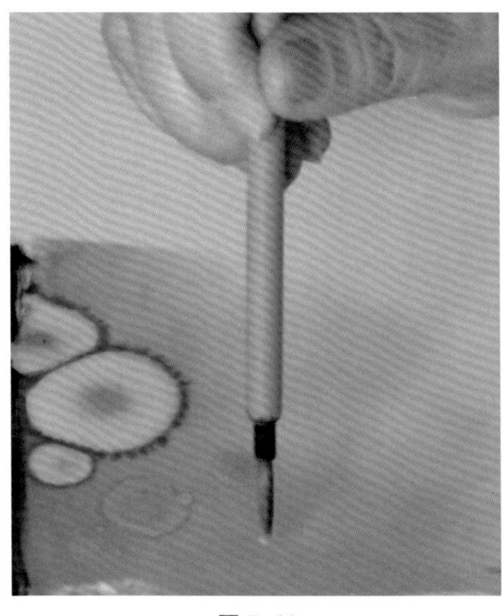

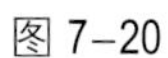

图 7–20

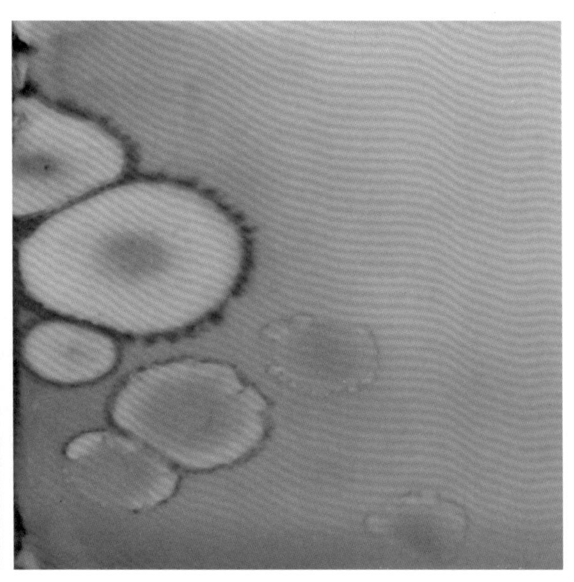

图 7–21

## 7.2.2 效果 2：笔触痕迹

### 操作过程

（1）先涂底色（注意深浅变化，便于对比深浅不同底色上的油渍变化效果），待其稍干。（图 7–22）

（2）用笔蘸适量樟脑油，用勾线笔画出线条、块面及点出点的形状。另外，用纸巾擦掉笔上蘸到的料，可以使画出的油渍痕迹更清晰些。（图 7–23 ～图 7–25）

**注：** 随着下笔轻重及速度不同，会产生不同的油渍痕迹。干后可结合其他技法，（如刮、跺拍等）再创作。

## 7.2.3 效果 3：喷洒、弹洒

### 1. 操作过程

（1）先涂底色（结合海绵跺拍），使颜色之间过渡自然，待其稍干。（图 7–26、

图 7–22

图 7–23

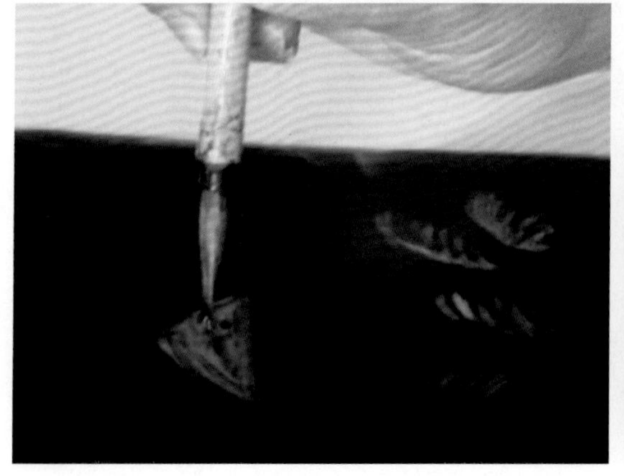

图 7–24

图 7–25

图 7–27）

**注：** 为了便于观察深浅不同底色上所呈现的油渍效果，可在做底色时做一些色彩明度上的对比变化。

（2）弹洒樟脑油

用一支笔蘸适量樟脑油，用另一支笔（辅助工具）敲打，在画面需要的部位进行弹洒。（图 7–28）

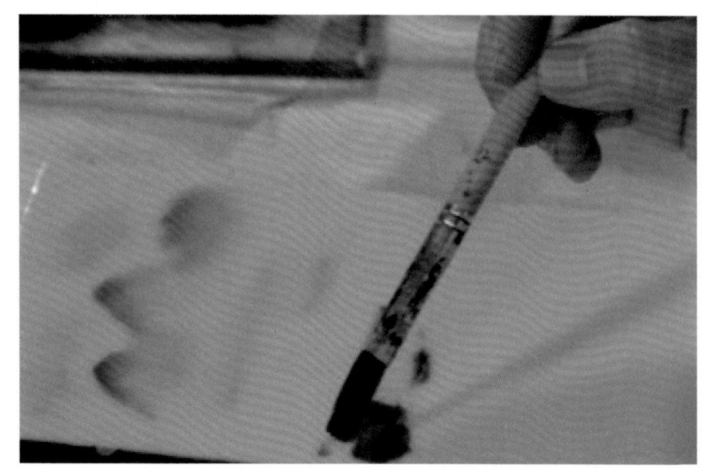
图 7–26

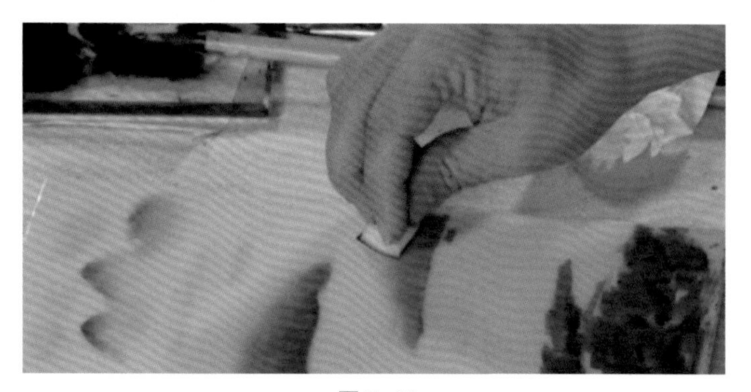
图 7–27

## 2. 提示

（1）弹洒色点时，要把画面上不需要有色点的地方提前用废纸遮挡起来，以确保画作的干净。

（2）在辅助工具上敲打笔杆的力度，决定了点的大小；敲打笔杆的力度越大，弹洒出的点就越大。另外，开始时笔头调色剂（樟脑油、酒精、煤油等）的含量较多，弹洒出的点及油渍后的点也就较大，越往后笔头含调色剂（樟脑油、酒精、煤油等）越来越少，弹洒出的点及油渍后的点也就越来越小。

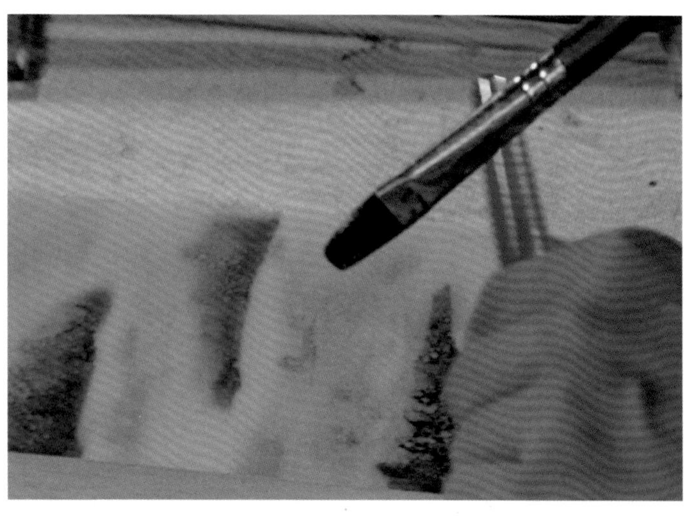
图 7–28

（3）笔上所含调色剂（樟脑油、酒精、煤油等）可多、可少，可深、可浅，要注意弹洒色点的多少及疏密变化，避免画面的“花乱”现象。如果调色剂（樟脑油、酒精、煤油等）点太多，弹洒过于频繁，画面很容易变得“花乱”。

3. 小结

本节课我们主要学习了几种不同的油渍效果及其操作步骤，这种技法需要反复演练才可以运用自如，其中油料干湿度的掌握是该技法的要点，注意一定要在油料颜色半干状态下操作，太干或太湿都没有油渍效果。

## 7.3 基础技能3 泼彩（流淌）技法

**泼彩（流淌）技法**是新彩绘制里的特殊技法之一。泼彩（流淌）技法是将新彩颜料泼洒、涂布于瓷面上，再倾斜或竖起画面，使颜料渐渐流淌形成肌理的技法。多用于处理画面背景及绘制山水画。它利用了陶瓷表面光洁、致密，油料、水料颜色在瓷面上不易干结的特性。（图7-29、图7-30）

泼彩（流淌）技法一般分为（颜色）油料调色剂（樟脑油或酒精）做的流淌和（颜色）干粉调色剂（樟脑油或酒精）做的流淌。

这种技法具有一定的偶然性、随机性，有自然天成的艺术效果。但要提前做好构思。

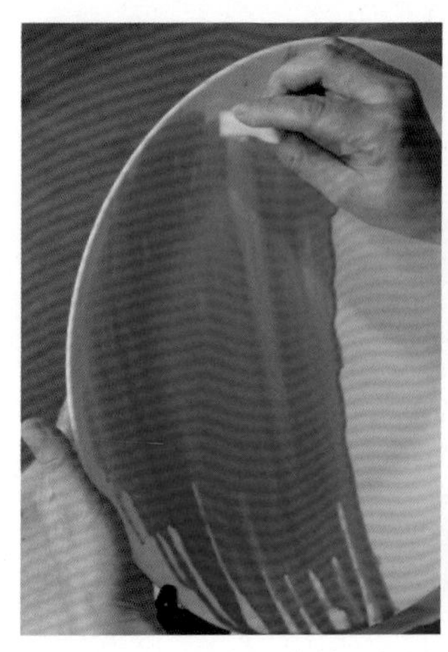

图7-29 （颜色）油料调色剂（樟脑油或酒精）做的流淌

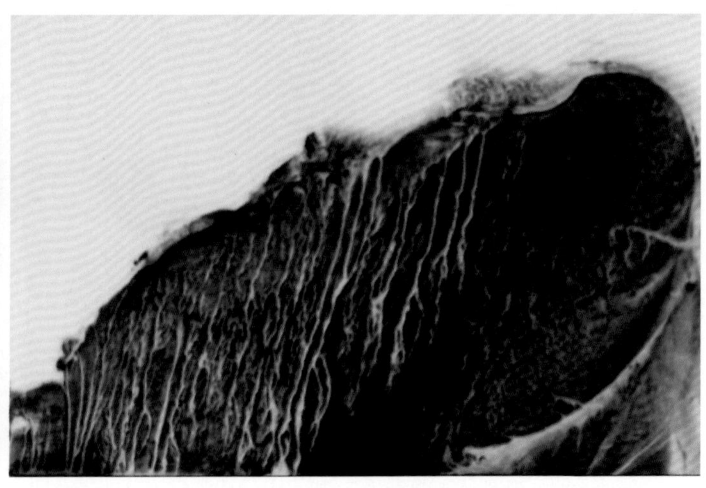

图7-30 （颜色）干粉调色剂（樟脑油或酒精）做的流淌

提示

泼彩（流淌）技法可做单色的泼彩，也可做多色混合的泼彩（流淌），还可结合油渍法使画面的肌理更丰富。

## 学 习 目 标

1. 了解两种不同的泼彩（流淌）方法、效果及其操作要点。
2. 知晓泼彩（流淌）方法的要点并独自完成操作。

工具与材料

（1）绘制工具

油料笔、填色笔等。

（2）颜料及调色剂

海碧蓝等油料（调制好的油料）、黑色颜料干粉、樟脑油 、酒精。

（3）辅助工具

海绵、纸巾、小杯、料碟、调色刀等。

### 7.3.1 方法 1：（颜色）油料调色剂（樟脑油或酒精）做的流淌

1. 操作过程

（1）用调色刀取一些海碧蓝油料颜色置于料碟内。（图 7–31）

（2）用白云笔蘸适量樟脑油滴在海碧蓝油料颜料中，并调匀。（图 7–32、图 7–33）

（3）接着将其涂在瓷盘上，并将盘子慢慢立起来，让油料颜料自然流淌。（图 7–34、图 7–35）

图 7–31

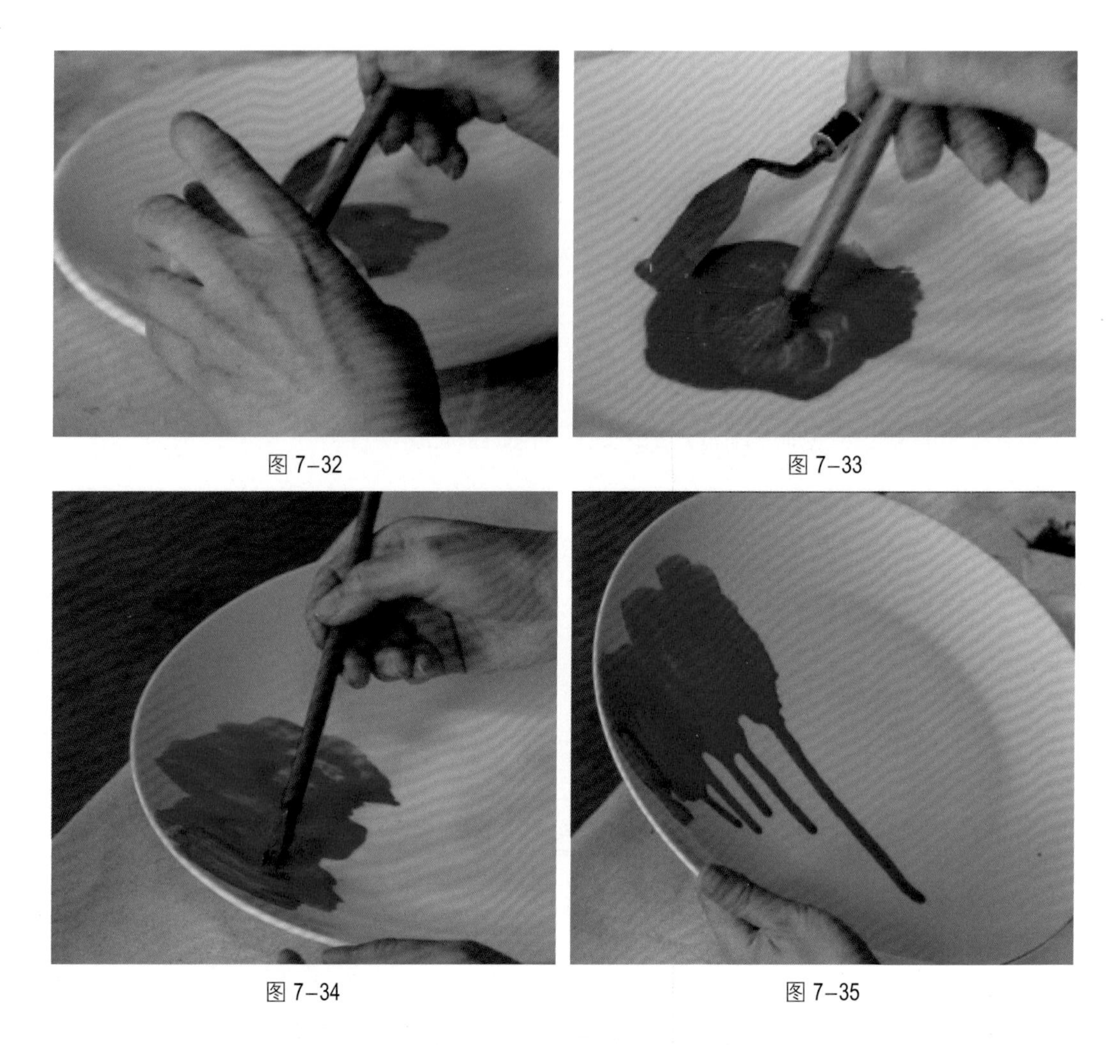

图 7-32　　图 7-33

图 7-34　　图 7-35

（4）在油料颜料流淌的过程中，可结合画面需要，随时补充油料颜色。（图 7-36、图 7-37）

（5）用笔尖挑出油料颜料中的杂质。（图 7-38）

（6）可结合构思需要进一步处理画面，如用海绵踩拍出虚实变化，擦除不需要的部位等。（图 7-39）

## 2. 方法 1 的特点

因磨制好的油料颜料比较细腻，用樟脑油稀释后做的流淌效果呈现的肌理会较细腻，色彩层次也较丰富。

## 3. 提示

该方法一般要经过 1~2 个小时后其效果才会基本固定下来。

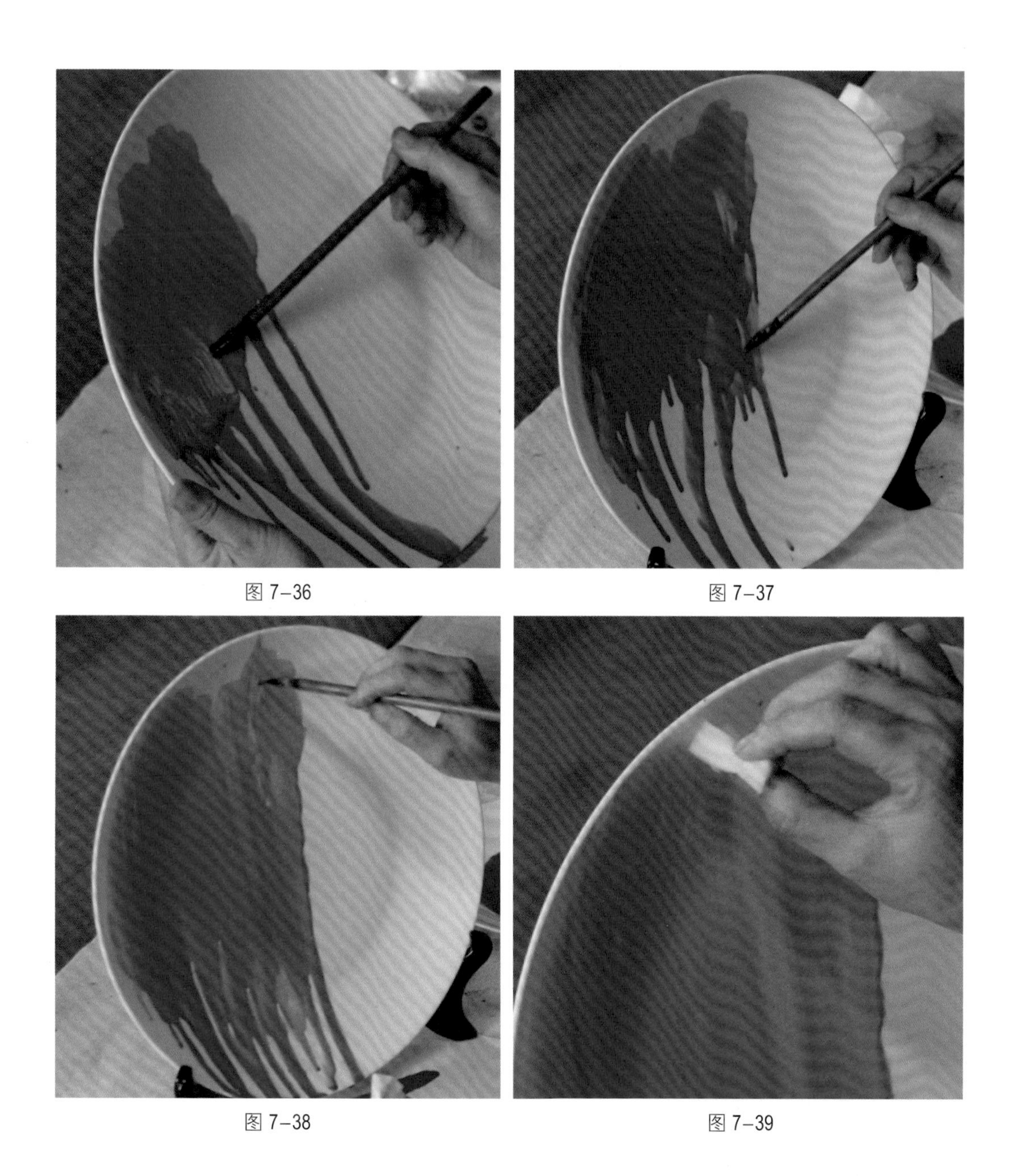

图 7-36

图 7-37

图 7-38

图 7-39

## 7.3.2 方法 2：（颜色）干粉调色剂（樟脑或酒精）做的流淌

### 1. 操作过程

（1）将新彩颜料黑色粉料倒入杯子中并加入少量樟脑油、乳香油（乳香油可以增强颜料的附着性），加入大量的酒精，用笔搅匀。（图 7-40、图 7-41）

（2）用杯子将调试好的颜料直接泼在瓷板上。（图 7-42）

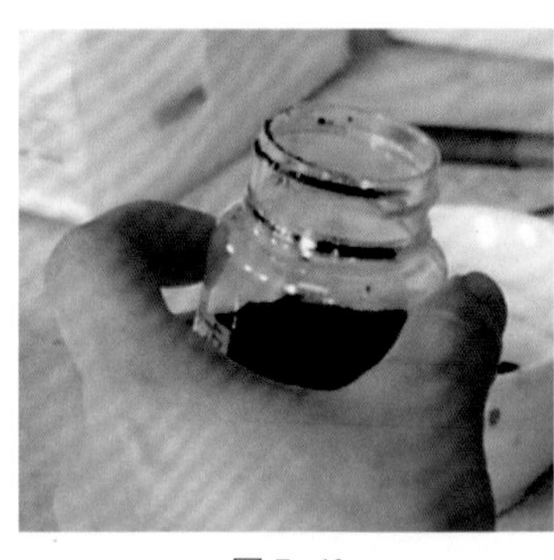
图 7–40

图 7–41

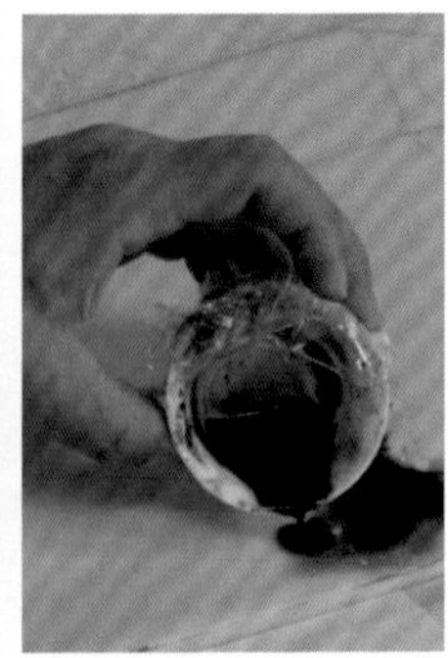
图 7–42

（3）让颜料在瓷板上自然流动，通过调整瓷板倾斜的方向和角度来控制颜料流动的方向。（图 7–43）

（4）在操作的过程中可根据画面需要叠加泼色。（图 7–44、图 7–45）

（5）用海绵处理画面肌理的虚实关系。（图 7–46）

（6）流淌的效果初步完成。

## 2. 方法 2 的特点

直接用干粉颜料调制樟脑油做的流淌效果，除了流淌肌理较丰富外，里面还有较明显的颗粒感。

## 3. 提示

调制颜料的浓度比是流淌技法操作的关键环节。太稀，流淌过快；太稠，则不易流动。

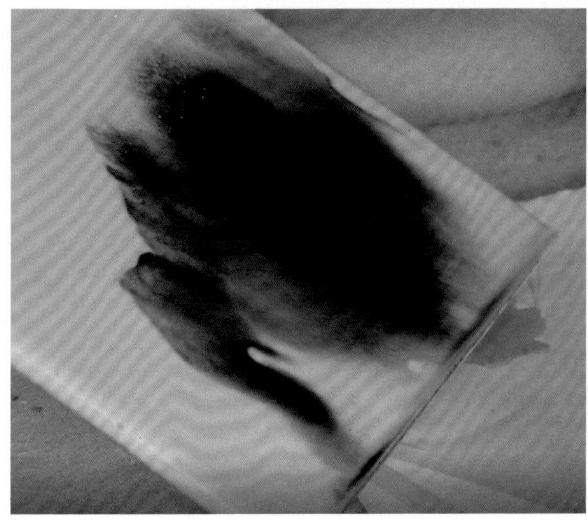
图 7–43

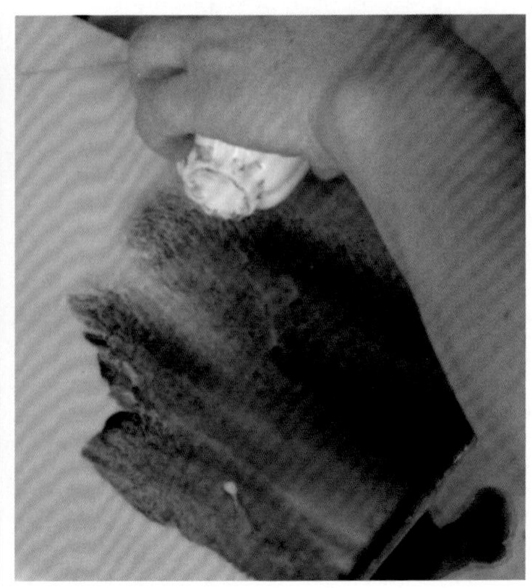
图 7–44

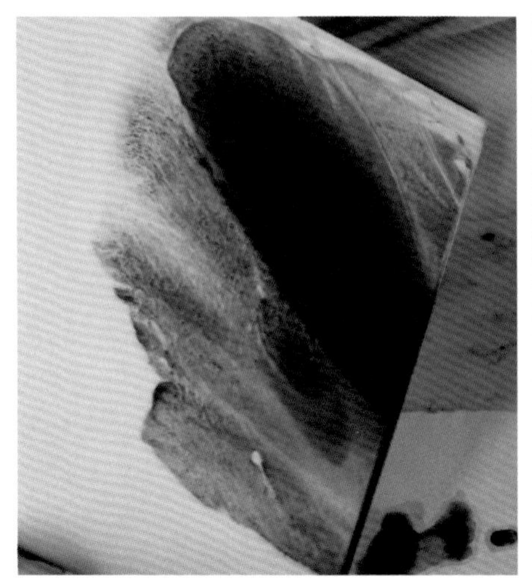
图 7-45

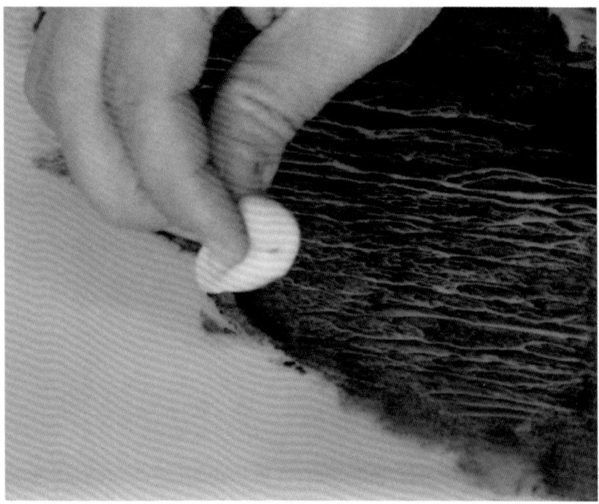
图 7-46

# 7.4 学习任务 1 扒刮技法应用

## 7.4.1 实例 1：装饰画效果

扒刮技法常用在画面的背景处理中，可呈现一些斑驳的效果，也可以作为画面的主要表现方法。常与其他技法结合使用，如踩拍。大家在实践中也可大胆尝试其他不同的处理手法。

## 学习目标

1. 了解扒刮技法操作技能要点、注意事项及应用。
2. 能结合扒刮表现技法，独立完成一幅画面。

### 1. 工具与材料

（1）绘制工具

图 7-47

填色笔（羊毫笔）或排笔、勾线笔、棉签、纸巾、扒笔、针笔、铅笔、瓷盘、水杯、调色盘等。

（2）颜料

水料（调制好的特黑）。

### 2. 操作过程

（1）研磨（搅拌）水料。

因调制好的水料易沉淀，在使用前需先进行研磨（搅拌）。（图 7-47）

（2）在干净的瓷盘上均匀地涂上水料颜色。（图 7-48、图 7-49）

图 7-48

图 7-49

**注：**在涂色过程中，比较薄的地方要趁湿填补上，颜色厚度要适中，过厚会导致烤花后颜色剥落或爆花。

（3）放置待干，修整外形。（图 7–50、图 7–51）

（4）在干透的色块上，用铅笔进行起稿。（图 7–52）

（5）选用合适的扒笔或针笔在色块上扒刮出主要轮廓线。（图 7–53、图 7–54）

（6）对细节进行深入处理，增加画面层次感。（图 7–55、图 7–56）

图 7–50

图 7–51

图 7–52

图 7–53

图 7–54

图 7–55

（7）增加块面，丰富画面整体效果。（图 7–57、图 7–58）

（8）检查画面，清理色脏。（图 7–59）

（9）适当调整画面。（图 7–60）

（10）作品完成。（图 7–61）

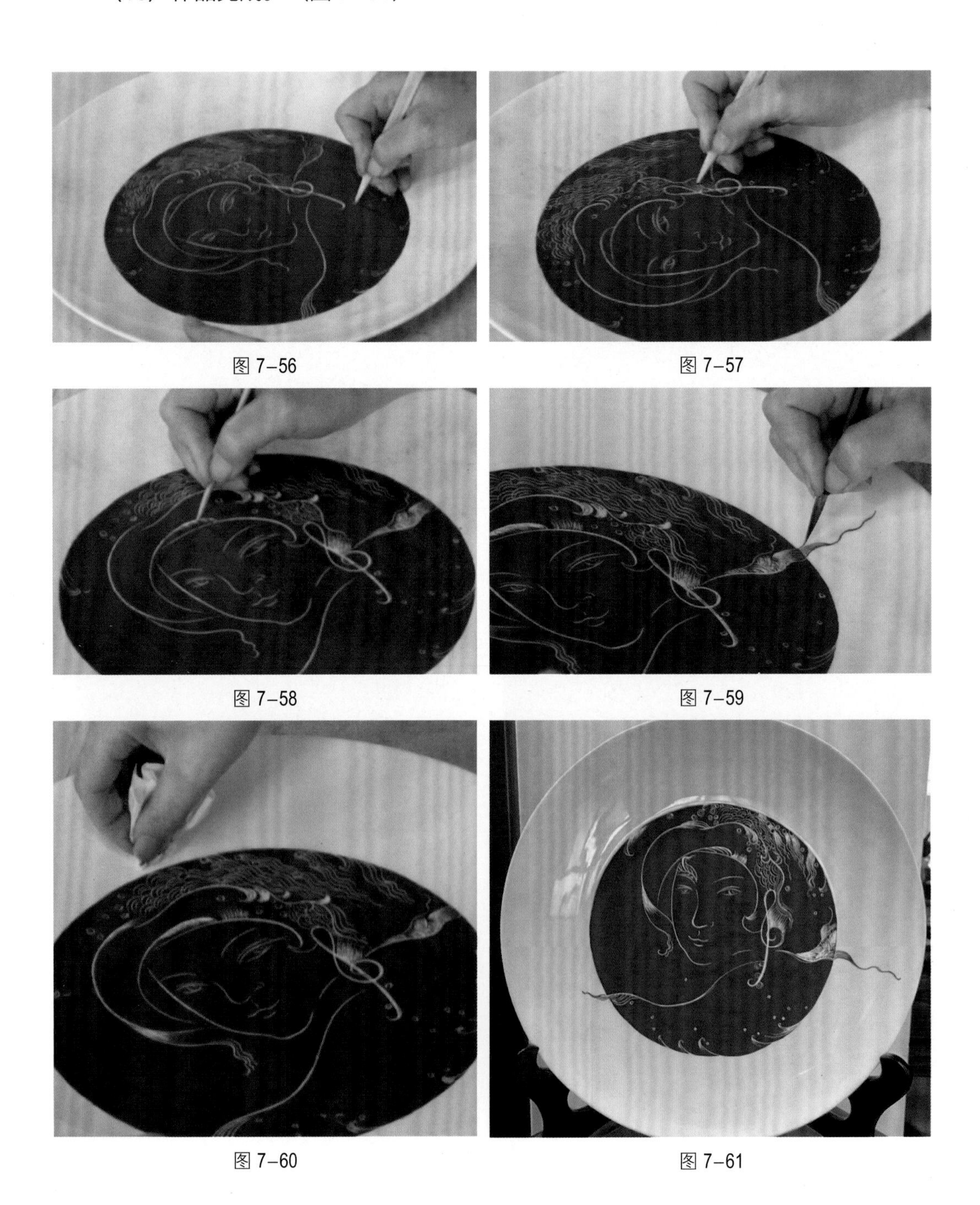

图 7–56　图 7–57

图 7–58　图 7–59

图 7–60　图 7–61

### 7.4.2 实例 2：剪纸效果

**学 习 目 标**

1. 了解扒刮技法操作技能要点、注意事项及应用。

2. 能结合扒刮表现技法，独立完成一幅画面。

## 1. 工具与材料

（1）绘制工具

填色笔（羊毫笔）或排笔、棉签、纸巾、扒笔、针笔、铅笔等。

（2）颜料

水料（调制好的西赤）。

## 2. 操作过程

（1）用大号羊毫笔（或水粉笔）平涂西赤胶水料，待干。（图 7–62）

（2）用铅笔在已干的水料上构图，勾出构思稿（局部）。（图 7–63）

（3）用扒笔、针笔剔除画面多余部分的水料。（图 7–64）

（4）用棉签（或纸巾）擦去画面残留的水料。（图 7–65）

（5）作品完成。

图 7–62

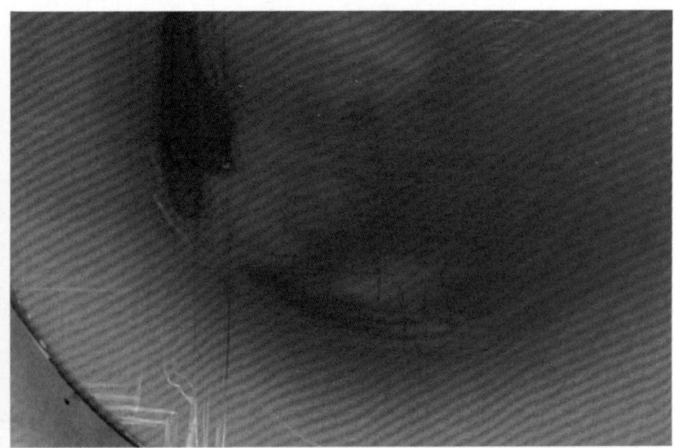

图 7–63

图 7–64

图 7–65

# 7.5 学习任务 2 油渍技法应用

**油渍技法**是一种很有意思的辅助手段，因油渍后的肌理具有抽象性的特点，运用到画面中有时会让人产生联想。当然，技法的学习主要是为了运用到画面中，更好地丰富画面效果、突出表现主题。

另外，油渍法在画面中很少单独使用，常与其他技法结合使用。

下面结合油渍法的特点表现“冬日雪景”的画面。

## 学 习 目 标

1. 了解油渍技法学习的目的、作用及应用。
2. 能结合油渍表现技法，独立完成一幅画面。

## 1. 工具与材料

（1）绘制工具

棉签、纸巾、扒笔、油料笔、填色笔（羊毫笔）、水粉笔等。

（2）颜料及调色剂

油料（调制好的深蓝色）、樟脑油。

## 2. 操作过程

（1）清洁瓷面。

为避免瓷器上的灰尘、油污等影响绘画和烧制效果，用纸巾蘸酒精直接擦拭或用洗洁精（少量）与水清洗瓷器并晾（擦）干。（图 7–66）

（2）起稿。

结合构思直接用铅笔起稿或用绘画淡墨（或艳黑色胶水料）起稿、构图，如图 7–67 所示。此时，起稿的颜色可以无浓淡区别，能看清楚即可。

（3）绘制前景（房子）并上色。

先用油料笔蘸取深褐色（代赭与艳黑调和）填涂，并结合海绵踩拍出深浅、浓淡变化。（图 7–68、图 7–69）

（4）刷涂房子后面的近景颜色，结合海绵踩拍边缘，注意深浅变化。（图 7–70、图 7–71）

（5）刷涂房子后面的远景颜色，结合海绵踩拍，使其与前面的颜色衔接自然并注意深浅变化。（图 7–72、图 7–73）

（6）待房子后的颜色稍干，绘制前景。（图 7–74、图 7–75）

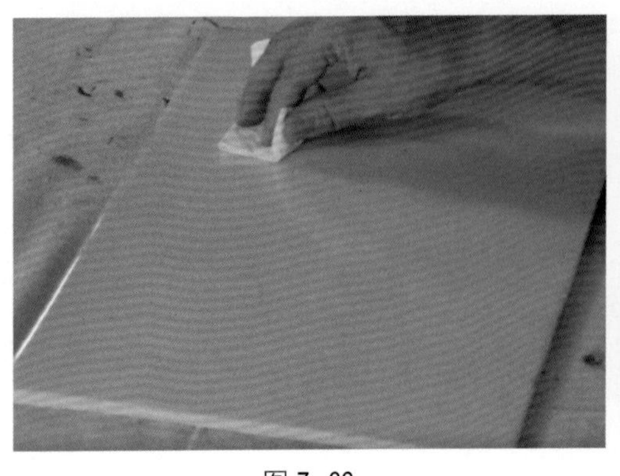

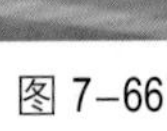

图 7–66

图 7–67

图 7-68

图 7-69

图 7-70

图 7-71

图 7-72

图 7-73

图 7-74

图 7-75

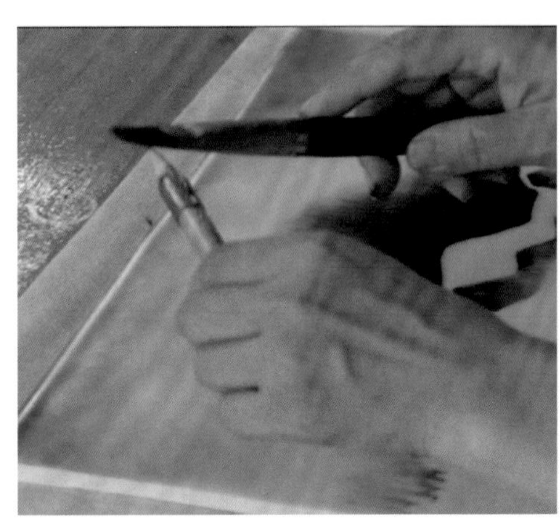

图 7–76

（7）弹洒樟脑油。

用辅助工具敲打蘸有樟脑油的画笔笔杆，笔头附着的颜色就会被弹落到画面上，接着我们就会看到油渍效果慢慢地呈现出来。（图 7–76、图 7–77）

（8）检查修整画面，擦去色脏。（图 7–78）

（9）作品完成。

图 7–77

图 7–78

## 7.6 学习任务 3 刷色技法应用

**刷色**是指利用较宽的扁笔刷涂色块，刷色时可用胶水料，也可用油料。刷色的方法可采用平涂刷色、渐变刷色或叠加刷色。另外，还可利用扁笔的宽大，一边蘸浓料，一边蘸淡料，刷出有自然浓淡变化的色带或色块。

本例中主要运用了刷色技法，并利用笔触痕迹进行了效果的处理，如水波纹及石头肌理。该技法常与其他技法结合使用，如踩拍、勾线、重色、扒刮等。

下面通过一幅“海上日出小景”来学习该技法。

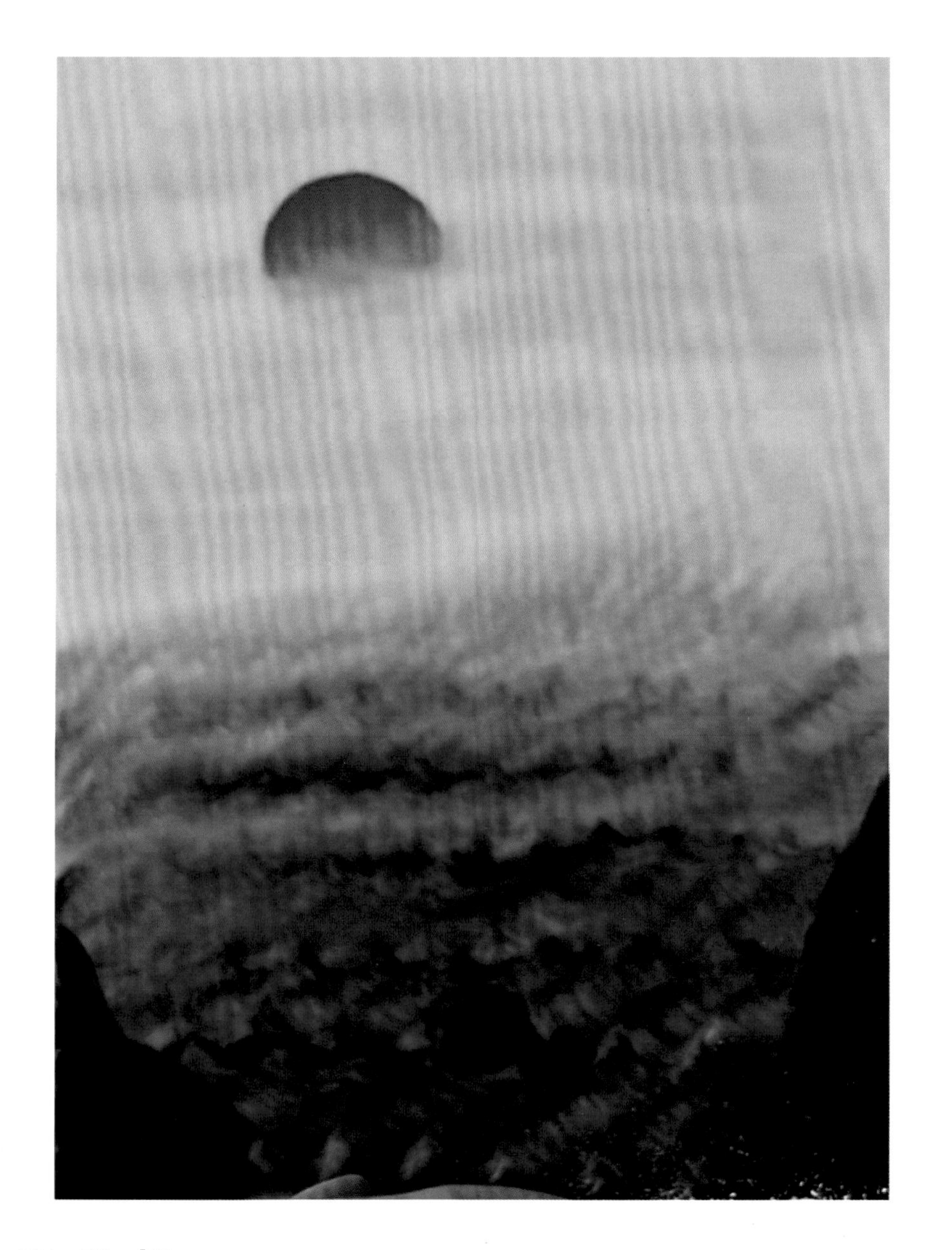

## 学 习 目 标

1. 了解刷色技法中几种不同的刷色方法。
2. 能结合笔刷的特点及刷色的表现技法，独立完成一幅画面。

## 1. 工具与材料

（1）绘制工具

大扁笔、小扁笔、纸杯、铅笔、棉签、纸巾、 海绵、调色刀、油料笔、填色笔（羊毫笔）、水粉笔等。

（2）颜料及调色剂

海碧蓝、黑色、西赤、调制好的油料、樟脑油。

（3）辅助工具

棉签、纸巾、扒笔等。

## 2. 操作过程

（1）借助纸杯画一个圆，用羊毫笔蘸西赤色涂抹在圆的上半部分，圆的下半部分用海绵跺拍出渐变效果。（图 7–79、图 7–80）

（2）用扁笔侧锋蘸代赤刷出云层，注意安排疏密关系，并用海绵进行跺拍。（图 7–81、图 7–82）

**注：** 跺拍时手法要轻而匀，使这些颜色之间衔接自然。

（3）棉签擦去一些颜色，增添云层的前后关系。（图 7–83）

（4）用扁笔刷涂画面下半部分的颜色（海碧蓝与黑色调和）。（图 7–84 ～图 7–86）

图 7–79

图 7–80

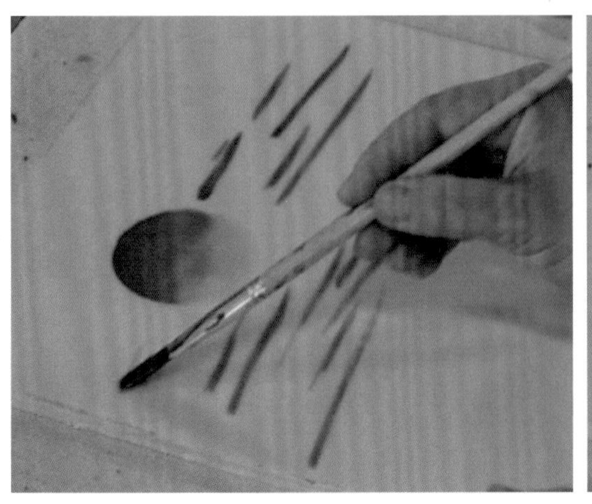
图 7-81

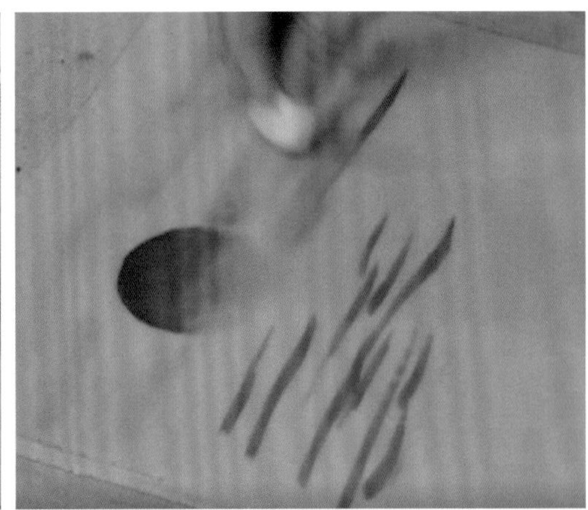
图 7-82

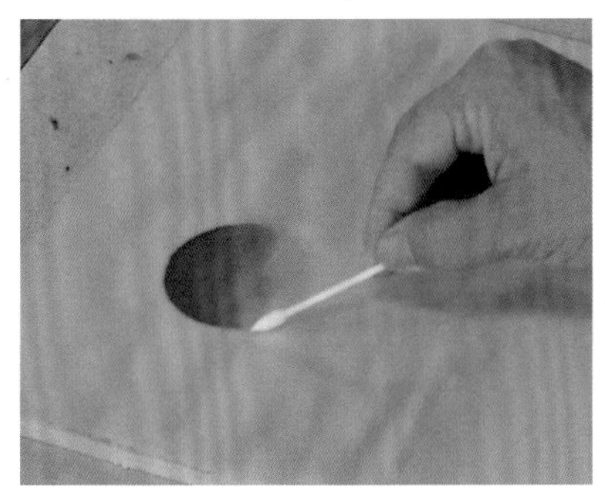
图 7-83

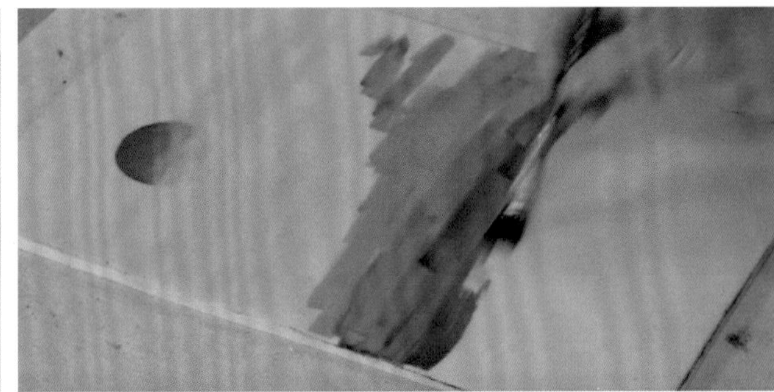
图 7-84

图 7-85

**注：**刷这部分颜色时须结合画面构思，上面用浅蓝色，下面用深蓝色。刷浅色时，笔上的颜色要少一些，颜色浓度要适中。刷色时手法要轻，可叠加刷色。刷深色时，笔上的颜色可多一些，刷色时手法同样要轻。可以反复调整，直到效果满意为止。

图 7-86

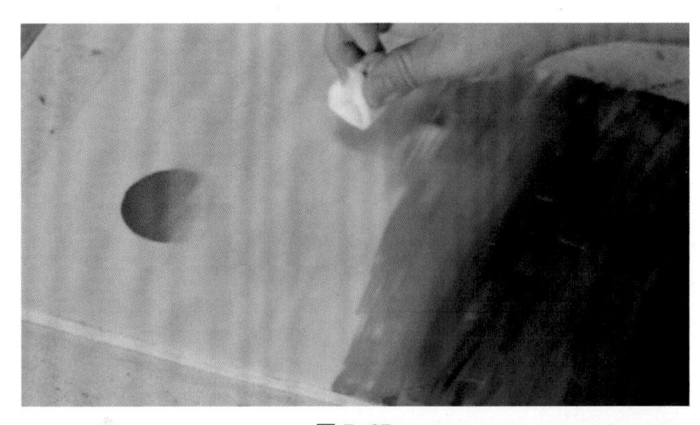
图 7-87

（5）结合海绵跺拍，使其与上面的云层之间过渡自然。（图 7-87）

（6）接着，用稍宽一些的笔刷处理水波纹。（图 7-88、图 7-89）

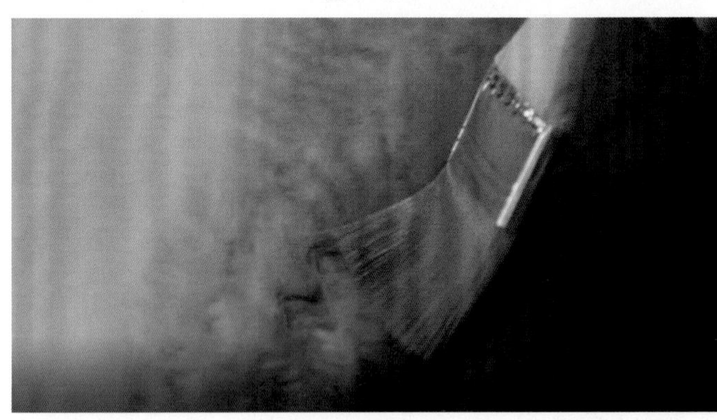
图 7-88

**注：**用干净的笔刷从浅色刷起，刷时用手上下按动笔刷，形成波纹的肌理，远处的波纹可以处理得小一些，近处的波纹可以处理得大一些。

（7）前景涂刷石头，丰富画面的层次。

用笔先涂刷出石头的形状，接着再用笔涂刷出石头的纹理。（图 7-90、图 7-91）

（8）检查完成画面。

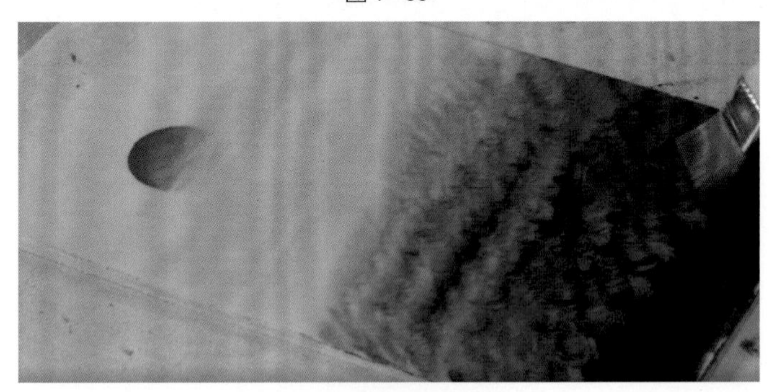
图 7-89

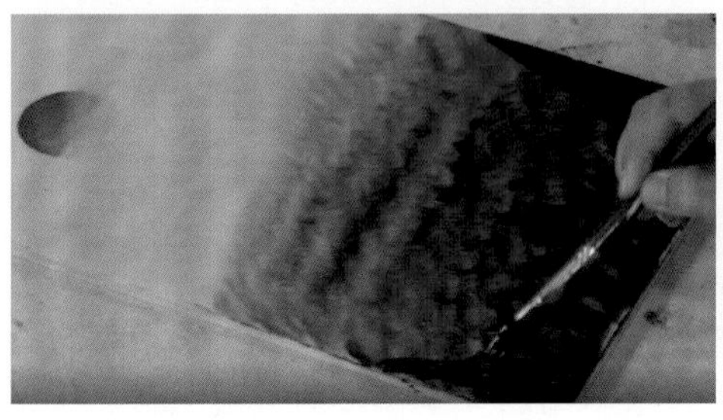
图 7-90

图 7-91

# 7.7 学习任务 4 泼彩（流淌）技法应用

## 7.7.1 实例 1：干粉调色剂（樟脑油和乳香油）山水小景

泼彩（流淌）作品不同于一般的新彩作品，无须在瓷板上打草稿，或者勾勒物体的轮廓线，它是直接泼色（涂色）在白瓷板（瓶）上，所以作画之前应做到心中有数。

下面通过泼彩（流淌）技法应用的两个例子来学习该技法。

### 学 习 目 标

1. 了解泼彩（流淌）中干粉调色剂操作方法、特点及应用。
2. 能结合干粉调色剂的泼彩或流淌表现技法，独立完成一幅作品。

## 1. 工具与材料

（1）绘制工具

油料笔、填色笔（羊毫笔）、勾线笔等。

（2）颜料及调色剂

青色（干粉）、黑色（干粉）、樟脑油、乳香油、酒精等。

（3）辅助工具

棉签、纸巾、扒笔等。

## 2. 操作过程

（1）调色、试色。

将新彩颜料海碧色、黑色粉料混合搅拌，加入少量樟脑油和乳香油（乳香油可以增强颜料的附着性），加入大量的酒精，用笔搅匀。在空白的白瓷盘上倒入调好的颜料，使其流动，通过观察颜料流动的速度和形成的肌理，判断其调试比例是否合适。试色效果不理想时，根据不同情况增加粉料或酒精，使其达到合适的比例，这个过程需要不断地反复试验，直到呈色效果满意为止。

（2）预想作品的整体效果。用杯子将调试好的颜料直接泼色在瓷盘上，让颜料在瓷盘上自然流动，通过调整瓷盘倾斜方向和角度控制颜料的流动。（图 7–92）

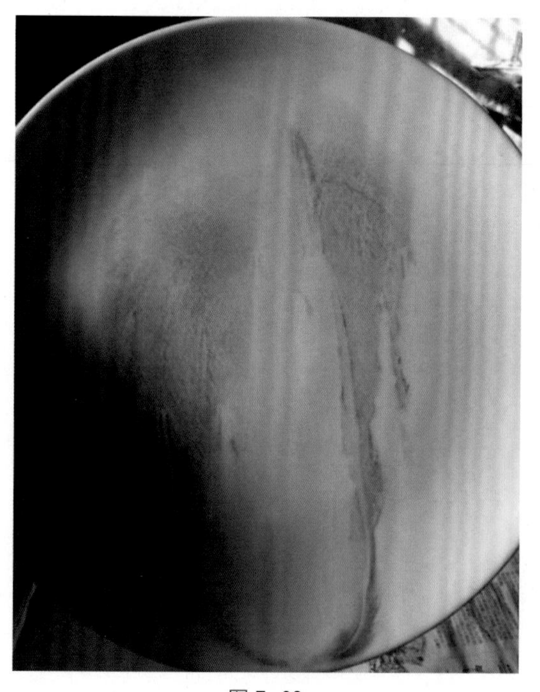

图 7–92

（3）泼彩上色原则应遵循由浅至深的顺序，通过先淡再深的颜色叠加，形成色彩上的浓淡变化。用调试好渐深的颜料，依次泼出中景山及近景山，同时调整瓷盘倾斜方向和角度控制颜料的流动。（图 7–93）

（4）大色块流动效果完成后，趁颜料未全干时用笔（或海绵）调整画面，使色块之间过渡和谐。要注意的是，调整的过程中一定要细心，不能破坏自然形成的肌理效果。（图 7–94）

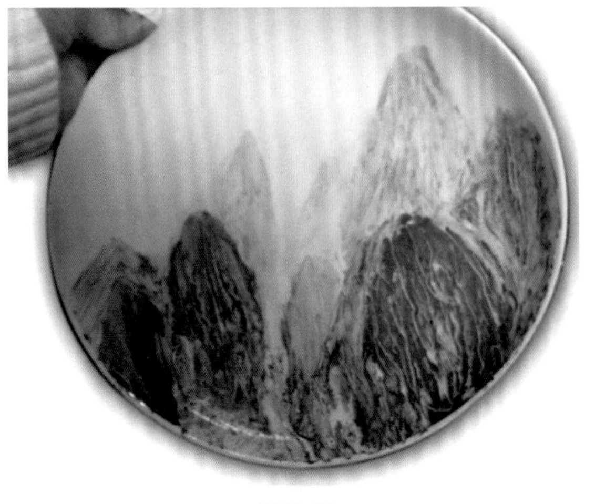

图 7–93

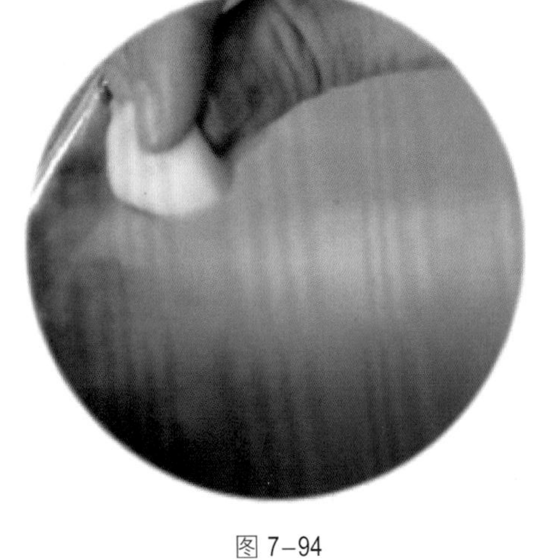

图 7–94

（5）勾枝、点叶。

根据画面依次勾画远景、近景枝干、点叶。（图 7–95）

（6）添加小景梯子，检查调整画面画印章。（图 7–96、图 7–97）

（7）烤花。

进一步检查画面有无色脏，入窑烤花，检查烤花效果。

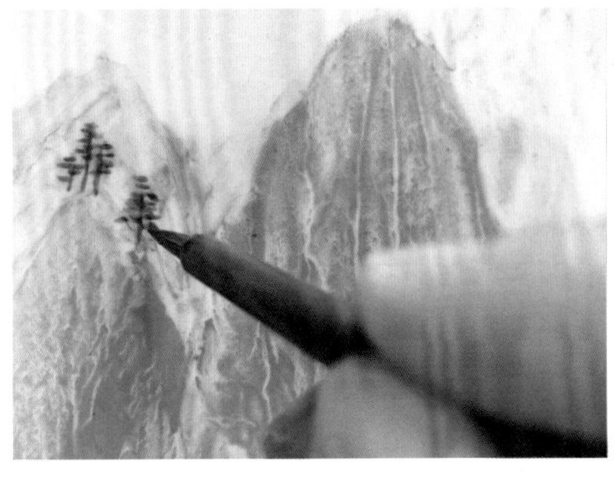

图 7–95

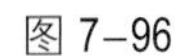

图 7–96

图 7–97

### 7.7.2 实例 2：油料调色剂（樟脑油和乳香油）溪边小景

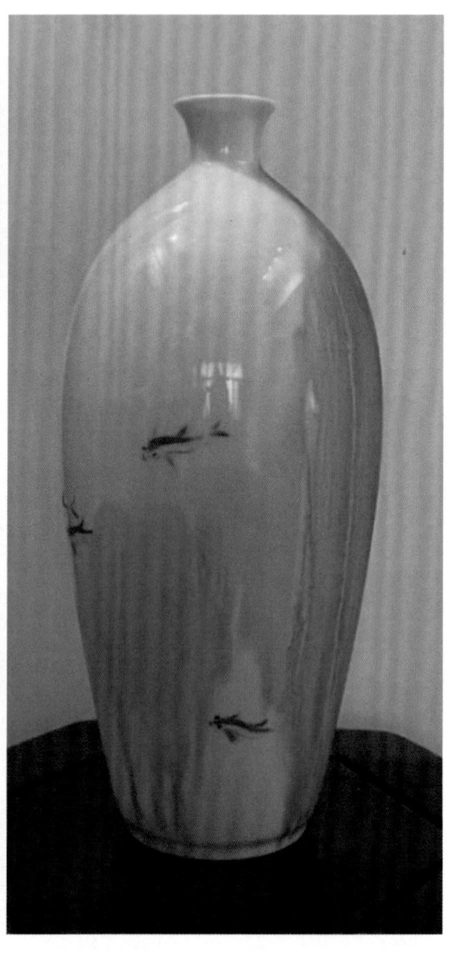

流淌技法作品不同于一般的新彩作品，不需要在瓷板（瓶）上打草稿或者勾勒物体的轮廓线。它是直接涂色（泼色）在白瓷板（瓶）上的，所以作画之前应做到心中有数，可用于画面的局部、背景或画面主题的一部分。

## 学 习 目 标

1. 了解流淌技法学习的目的、作用及应用。
2. 能结合流淌表现技法，独立完成一幅作品。

## 1. 工具与材料

（1）绘制工具

油料笔、填色笔（羊毫笔）、勾线笔、花瓶、棉签、纸巾、扒笔等。

（2）颜料及调色剂

调制好的油料（海碧蓝、竹青）樟脑油 、乳香油、酒精等。

## 2. 操作过程

（1）油料（海碧蓝）颜色加樟脑油调制，备用。（图 7–98、图 7–99）

（2）用羊毫笔蘸颜料涂抹于花瓶上，让其自然流淌形成肌理。（图7–100、图7–101）

图 7–98

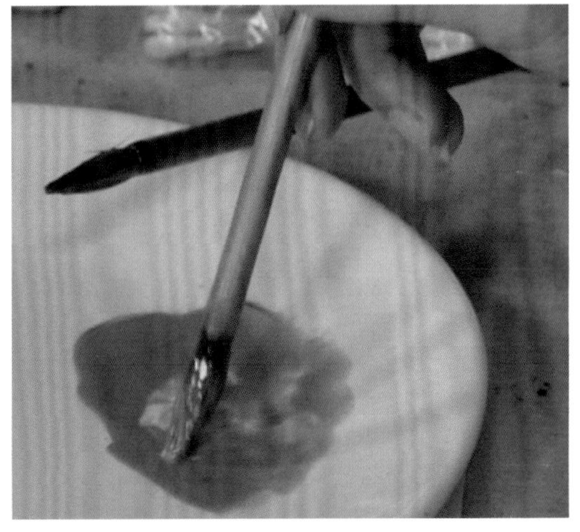

图 7–99

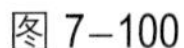

图 7–100

图 7–101

图 7–102

（3）肌理效果基本呈现时做适当的调整。

可用笔蘸樟脑油对大块的面做些大小变化的处理，再结合海绵跺拍做一些虚实的变化。（图 7–102、图 7–103）

（4）调整好画面后，需将其充分晾干（一般需一天左右）或进行一次烤花后再进行下一步操作。（图 7–104）

（5）适当点缀图形，使画面更有意趣，用勾线笔蘸西赤勾画小鱼，点缀画面。（图 7–105、图 7–106）

图 7–103

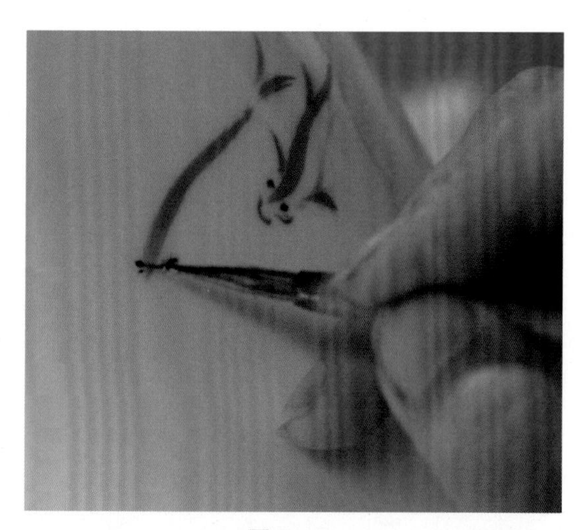
图 7–105

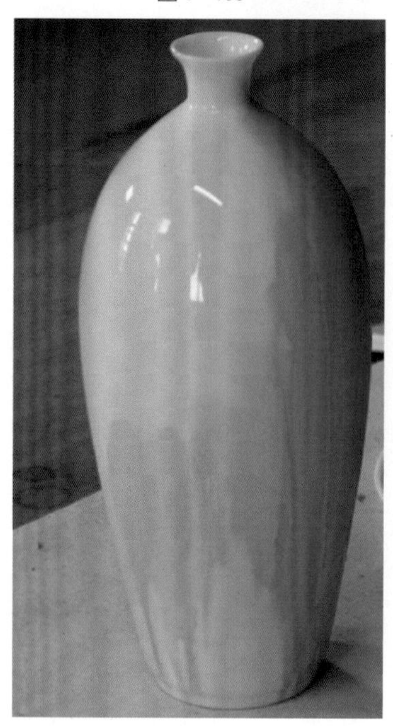
图 7–104

图 7–106

（6）检查瓷胎是否有色脏，清理干净之后画印章。（图 7–107、图 7–108）

（7）入烤花炉中烧制，新彩颜料通过氧化反应，便牢固地附着在瓷面上。烤花后效果如图 7–109 和图 7–110 所示。

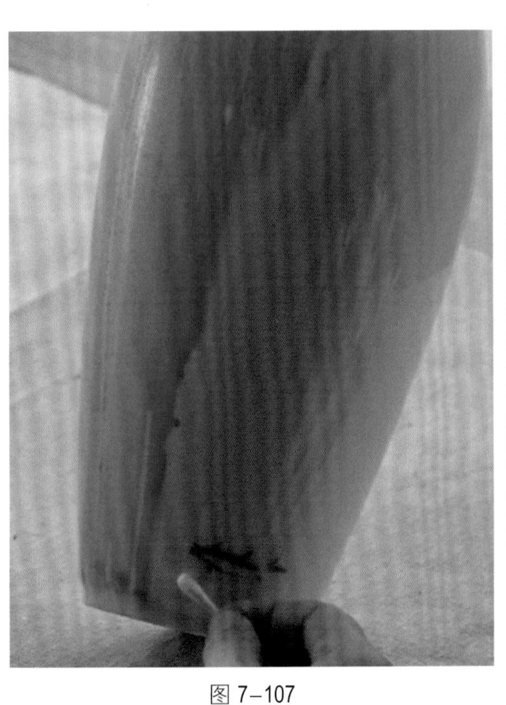

图 7–107

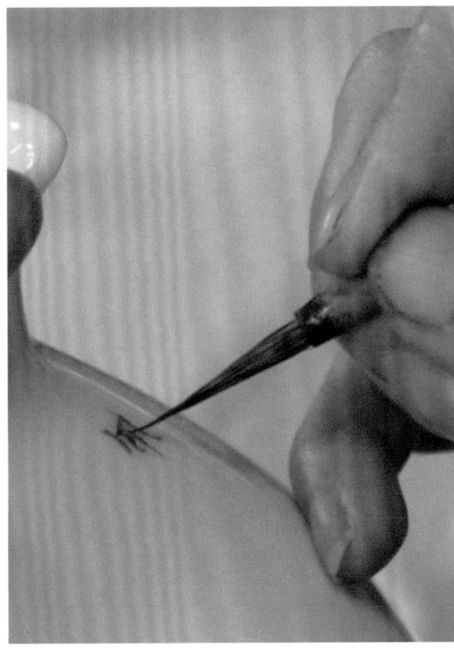

图 7–108

图 7–109

图 7–110

12345678

# 工作任务八

## 新彩烤花认知

## 学 习 目 标

1. 了解新彩烤花的工艺流程。
2. 知晓烤花工艺流程中需注意的事项。

新彩的绘制与装饰后，需要再经过一次彩烧，才能使颜色牢固地附着在瓷器釉面上。颜料黏附的牢固度取决于颜料本身的性能、烤花工艺等。新彩烤花技法虽已不属于陶瓷新彩装饰的范畴，但作为一名彩绘创作者，了解和掌握一些合理的烤花工艺、烤花制度，尤为必要。

## 8.1 新彩烤花

新彩作品绘制完成后要进行 760 ～ 800°C的烧制，这样才能使颜色牢固地附着于瓷面上，这个过程就称为烤花。

## 8.2 新彩烤花工艺流程

### 1. 装窑

把检查好的作品按要求分层码放于窑内。（图 8–1）

图 8–1

### 2. 预热阶段（400℃前）

注意窑炉盖要留有 10 厘米左右的缝隙，以便排出水汽、油烟。(图 8–2)

### 3. 升温阶段（400℃至预定温度）

盖上窑盖，继续升温，达到预定

图 8-2

的温度。（图 8-3）

图 8-3

### 4. 降温阶段

达到设定的 790°C，关闭电源，窑炉盖打开 2 厘米左右的缝隙，缓慢降温。（图 8-4）

图 8-4

### 5. 开窑

温度降至接近室温，才可全部开启窑盖取出瓷器，这样可避免因急剧冷却造成瓷器“惊裂”的现象。（图 8-5）

图 8-5

# 附录

## 釉上彩作品

作者：王丽丽

作者：张惠君

作者：张惠君

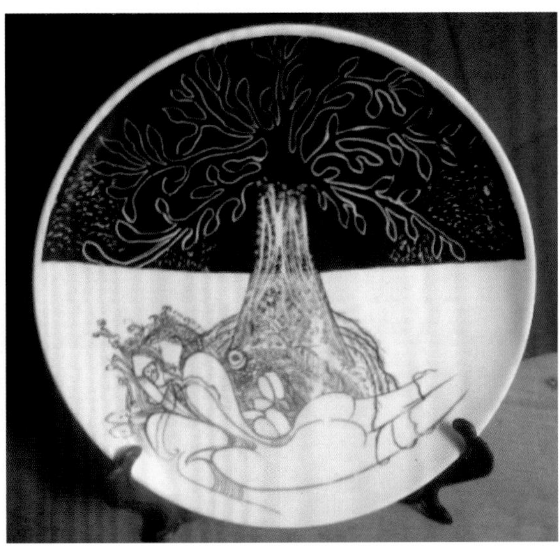

作者：蔡伟男

作者：蔡伟男

作者：林晓燕

作者：林晓燕

作者：林晓燕

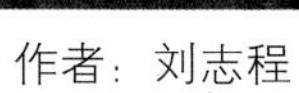

作者：刘志程

作者：涂辉元

作者：涂艺泉

作者：涂辉元

作者：高晨琪

作者：高晨琪

作者：陈喜玲

作者：陈喜玲

作者：李晓蕃

作者：林丹花

作者：王文静

作者：刘志程

作者：罗佳晴

## 新彩综合应用作品

作者：王丽丽

作者：王丽丽

作者：连秋芳

作者：孙凤鸾

作者：朱燕霞

作者：王丽丽

# 参考文献

[1] 李磊颖 . 传统陶瓷新彩装饰［M］. 武汉：武汉理工大学出版社，2006.

[2] 刘乐君，周媛，于成志 . 釉上新彩装饰［M］. 北京：中国民族摄影艺术出版社，2016.

[3] 张文兵，曾军 . 陶瓷新彩技法［M］. 北京：北京工艺美术出版社，2005.

[4] 严兴民，周积文 . 试论我国陶瓷新彩制作工艺及其艺术特色 [J] . 陶瓷科学与艺术，2007，41（6）：3.

[5] 孔六庆 . 中国陶瓷绘画艺术史［M］. 南京：东南大学出版社，2003.

[6] 邹传安 . 工笔花鸟画技法［M］. 长沙：湖南美术出版社，2014.

[7] 伏倩倩 . 陶瓷绘画艺术的新发展——新彩艺术［J］. 艺术与设计（理论），2007（6）：3 .